家庭园艺植物
休闲无土栽培

JIATING
YUANYI ZHIWU
XIUXIAN WUTU ZAIPEI

赵文超 ◎ 编著

U0238348

中国农业出版社
北 京

图书在版编目（CIP）数据

家庭园艺植物休闲无土栽培 / 赵文超编著. — 北京：
中国农业出版社，2018.12
（趣味园艺丛书）
ISBN 978-7-109-23878-7

Ⅰ.①家… Ⅱ.①赵… Ⅲ.①蔬菜园艺-无土栽培
Ⅳ.①S630.4

中国版本图书馆CIP数据核字（2018）第010305号

中国农业出版社出版
（北京市朝阳区农展馆北路2号）
（邮政编码 100125）
责任编辑 国圆 黄宇 石飞华 浮双双

中国农业出版社印刷厂印刷 新华书店北京发行所发行
2018年12月第1版 2018年12月北京第1次印刷

开本：700mm×1000mm 1/16 印张：8
字数：170千字
定价：45.00元
（凡本版图书出现印刷、装订错误，请向出版社发行部调换）

目 录
Contents

Chapter 3
无土栽培基质的选择 | 42

Chapter 4
无土栽培打造清洁舒适的家庭环境 | 53

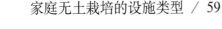

Chapter 5
无土栽培塑造不再沉闷的办公场所 | 82

Chapter 6
几种蔬菜的室内无土栽培 | 96

附录
常用营养液配方选集 | 118

参考文献 / 121

Chapter 1
什么是无土栽培

无土栽培的含义与特点

无土栽培的含义

什么是无土栽培? 顾名思义, 就是不用土壤进行植物栽培。较为科学的定义: 凡不用天然土壤, 而用营养液或营养液加固体基质栽培植物的方法 (国际无土栽培学会)。

无土栽培 (soilless culture, hydroponics, solution culture) 还可以称为营养液栽培、溶液栽培、水培、水耕等, 是近几十年发展起来的一种农业栽培新技术, 目前也用于家居、公共场所等装饰观赏。

无土栽培的特点

无土栽培的特点是以人工创造的优良根系环境条件，来取代传统的根系土壤环境，不仅能够满足植物对矿物质营养、水分和氧气的需要，还能应用人工技术对这些环境进行控制和调整，使其在品质方面按照人们的需求发展，发挥植物生产的最大潜力。

无土栽培的优点

● **产量高，品质好**　无土栽培条件下的植物生产所需的光、温、水、肥的供应较为迅速、合理、协调，且充分满足植物对生产环境的要求，因此其产量和品质都要比土壤栽培高。

● **节约水肥**　与土壤栽培相比，无土栽培技术可以避免水分大量渗透和流失，水分利用率高。无土栽培植物的耗水量只有土壤栽培的1/10 ~ 1/5，因此特别适合干旱缺水的地方使用。

无土栽培可根据植物的不同种类和不同生育期以营养液的形式按需定量用肥，营养液还可以回收再利用，因而能够避免土壤施肥中的肥水流失以及被土壤微生物吸收等问题，即可做到"肥水不流外人田"的效果。

● **减少病虫害发生，清洁卫生**　无土栽培在一定程度上隔绝土壤中病原菌和害虫对植物的侵害，因此，病虫害的发生较为轻微，即使发生了也较容易控制，更不存在土壤栽培中因施用有机粪尿而带来的寄生虫卵及公害污染。因此，可以在种植过程中少施用或不施用农药，减少农药、重金属、抗生素对作物产品和周围环境的污染。

由于隔绝了土壤进行种植，不存在土壤和水源的重金属和其他污染物的污染问题。无土栽培的肥料利用率高，种植过植物的营养液可以直接排到外界，也没有对环境的二次污染，因此可以说无土栽培是真正无公害农产品生产方式，尤其在室内进行无土栽培花卉，清洁又环保。一些高级酒店或宾馆曾对绿植施用有机花肥，很容易污染环境，使用无土栽培便能将此难题迎刃而解，人们可放心进行观赏。

● **节省劳力**　无土栽培简化了土壤栽培中的耕作工序，不需要繁重的翻土、整畦、除草等劳动过程，且具有机械化程度、自动化程度高等特点，大大节省了劳动力。

● **栽培地点灵活**　无土栽培地点选择余地大，特别是在人口密集的城市，可以充分利用栽培空间，如庭院、楼顶天台、房屋阳台等进行园艺植物栽培，起到增加观赏性、美化生活的作用，让都市生活更加丰富宜人。

● **利于实现现代化农业栽培**　无土栽培简化了土壤栽培中繁重的栽培程序，运用科学技术，利用相关仪器设备进行操作管理，有利于农业向机械化、自动化和现代化的方向发展。

无土栽培的缺点

虽然无土栽培是一种农业现代化生产技术，有着诸多优点，但是也存在着不可避免的缺点。缺点主要体现在资金投入和技术方面，在农业大规模生产上，无土栽培需要较大的投资，如设备装置的设计、营养液投入等。但是，作为家庭栽培，这种资金投入就显得微不足道了，而且加之日益增多的栽培辅助设备，给家庭园艺DIY提供了很多有趣的拼搭。对于家庭无土栽培植物更大的挑战来自于无土栽培技术的掌握，然而相较于农业生产中的无土栽培技术，其技术难度要小很多。基于以上两点使得家庭无土栽培植物成为可能。

无土栽培的常见类型

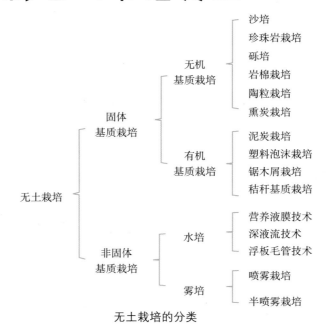

无土栽培的分类

在详细阐述无土栽培技术之前，首先来了解一下无土栽培有哪些类型。其实，无土栽培的类型和方法有很多，但没有统一的分类方法。现在大多数专家从植物根系生长环境是否有固体基质存在而分为固体基质栽培和非固体基质栽培两大类，在这两大类型中，又可根据固定植物根系的材料不同和栽培技术差异分为多种类型。本章将简单介绍几种常用的无土栽培类型，以期让读者对无土栽培类型有大致的理解。

固体基质栽培（初学者推荐）

固体基质栽培简称基质栽培，是指植物根系生长在以天然或者人工合成的材料作为基质的环境中，利用这些固体基质固定植物根系，并通过基质吸收营养液和氧气的一种无土栽培方式。由于固体基质栽培类型下的植物根系生长环境较接近千万年来植物已适应的土壤环境，因此，在进行固体基质的无土栽培中可以更方便地协调水与气的矛盾，且投资较少。不过在生产过程中，对于基质的清洗、消毒、再利用的工作程序烦琐，后续生产资料消耗较多，成本较高。

可用于无土栽培的基质种类很多，常用的无机基质有蛭石、珍珠岩、岩棉、沙、砾石、膨胀陶粒、聚氨酯等；常用的有机基质有泥炭、砻糠灰、树皮、甘蔗渣等。因此，基质栽培又分为岩棉栽培、沙培等类型。采用滴灌法供给营养液，具有设备较简单、生产成本较低等优势，但需基质多，连作的陈旧基质易带病菌，传病。因而无土栽培时应根据材料来源的难易、基质的理化特性和价格等，选择合适的无土栽培基质。

在基质无土栽培系统中，固体基质的主要作用是支持植物根系及提供植物一定的营养元素。基质栽培方式有槽式栽培、种植箱栽培、袋式栽培、岩棉栽培等。下面介绍几种常见的基质栽培方式。

槽式栽培、种植箱栽培

所谓槽式栽培，即槽培，是指把装有基质的容器做成一个种植槽，然后把种植所需的基质以一定的深度填到种植槽中进行栽培的一种方法，如沙培、砾培等。槽式栽培适于各种植物。常用的槽式栽培基质有沙、锯木屑、珍珠岩、泥炭与蛭石混合物、泥炭与炉渣混合物，少量的基质可用人工混合；如果基质很多，最好采用机械混合。混合后的基质不宜存放太久，应立即装槽或入袋使用，否则一些有效营养成分会流失，适于植物生长的基质环境如酸碱度、电导度也会有变化。

槽式栽培

种植箱栽培其实是槽式栽培的另一种形式，即用氯乙烯等为原料，专门设计制造的适合家庭无土栽培使用的种植器具。其大小和形状可根据设计要求而异，多数制品有双层底，下层底可集水或营养液，避免流失；中层底有网状间隔板，水分通过间隔板而聚集于箱底。但有些种植箱没有隔板，水直接由底孔流出箱外，并在箱下设有集水盘。无论有还是没有隔板的种植箱，中层与底层或底层与集水盘之间均留有一定的空间，可让根与空气接触，这对植物的生长很有益处。

氯乙烯塑料箱栽培　　　　　　　　　　　木箱栽培

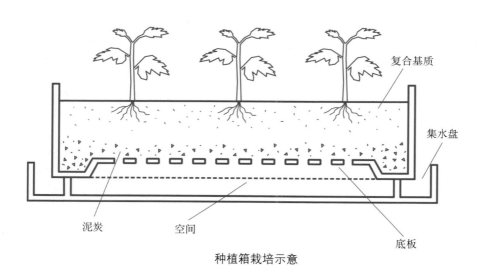

复合基质

集水盘

泥炭　　　空间　　　底板

种植箱栽培示意

袋式栽培

　　所谓袋式栽培，即袋培，是指在没有种植植物之前，将生长基质分别装入塑料薄膜袋中，在种植时把这些袋装的基质放置在温室、阳台等地，然后根据株距的大小，在种植袋上切开一个小孔，以便在这个孔中种植植物的栽培方式。袋式栽培除了基质装在塑料袋中以外，其他与槽式栽培相似。袋子通常由抗紫外线的聚乙烯膜制成，至少可使用两年。在光照足的地区，塑料袋表面应以白色为好，以便反射阳光并防止基质升温。相反，

袋式栽培示意

观赏茄子袋式栽培

小番茄袋式栽培

在光照少的地区，则袋子表面应以黑色为佳，以利于冬季吸收热量，保持袋中的基质温度。袋式栽培较适于种植株型大的植物，如观赏茄子、樱桃番茄、黄瓜、甜瓜等，不适于种植株型小的植物。

岩棉栽培

番茄岩棉栽培

所谓岩棉栽培，是指把植物栽植于预先制作好的岩棉中的一种栽培方式。岩棉栽培也属于袋培的一种。岩棉是工业保温材料，农用的岩棉是在制造过程中加入亲水剂，使其易于吸水。岩棉是以优质玄武岩等为主要材料，经过1 600℃的高温加工而成，无菌、无污染，具有很好的透气性和保水性，干燥且重量较轻，容易对植物根部进行加温。岩棉栽培是用岩棉块进行育苗的，除了上下两面以外，岩棉块的四周应该用黑色塑料薄膜包上，以防止水分蒸发和盐类在岩棉块周围积累，冬季还可以提高岩棉块的温度。种子可以直接播在岩棉块中，也可以播在育苗盘或者较小的岩棉块中，当幼苗第1片真叶开始显现时，再将幼苗移到大的岩棉块中。在播种或移苗之前，岩棉块用水浸透。由于岩棉块不含植物所需要的营养物质，因而种子出芽后就要用营养液进行灌溉。岩棉栽培最好的灌溉系统是滴灌。目前岩棉栽培主要用于蔬菜的工厂化生产，然而家庭中也是适用的，因为它不产生尘土，容易清理。难点在于岩棉缓冲性比复合基质差，要求营养液的配比严格，适合有一定栽培经验的种植者。

非固体基质栽培

非固体基质栽培是指根系生长的环境中不用固体基质来固定植物根系，其根系是在营养液或含有营养的潮湿空气中生长。这种栽培方法，一般除了育苗时采用基质外，定植后不用基质。它又可以分为水培和喷雾栽培两大类。

水培（初学者不推荐）

　　水培是指植物定植后，营养液直接和其根系接触的无土栽培方法。我国常用的技术有营养液膜技术、深液流技术、浮板毛管技术等。

　　● **营养液膜技术（NFT）** 营养液膜技术简称为NFT（Nutrient Film Technique），是一种将植物种植在浅层流动的营养液中的水培方法。NFT设施主要由栽培槽、储液箱、泵、管道系统和调控系统构成，营养液在泵的驱动下从储液箱流出经过根系（厚0.5～1.0厘米的营养液薄层），然后又回流到储液箱内，形成循环式供液体系。

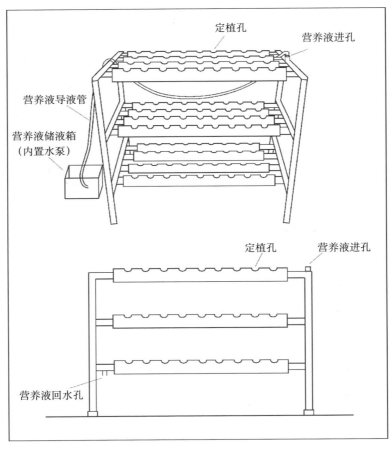

定植孔

营养液进孔

营养液导液管

营养液储液箱
（内置水泵）

定植孔

营养液进孔

营养液回水孔

营养液膜技术（NFT）设施示意

传统的无土栽培，栽培槽较深，需用水泥、砖、木板或金属等材料制成，既笨重又昂贵，同时根系的需氧问题较难解决。与之相比，营养液膜技术不用固体基质，在一定坡降（1∶75左右）的倾斜种植槽中，营养液以数毫米深的薄层流经植物根系，植物根系一部分浸在浅层流动的营养液中，另一部分则暴露于种植槽内的空气中，可较好地解决根系呼吸对氧气的需求。

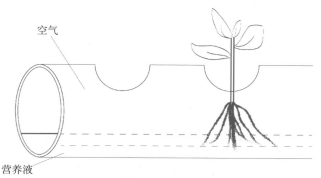

空气

营养液

营养液膜技术（NFT）管道纵切面示意

　　NFT设施的根系环境缓冲性能差，根系周围的温度受外界影响很大。另外，由于种植槽中的营养液层较浅薄，种植系统的营养液总量较少，因此营养液的浓度和组成易产生急剧变化，要不断循环供液，能源消耗较大，若出现断电较长时间或水泵故障，而不能及时循环就很容易出问题。在高温和植物生长盛期，植株叶面蒸腾量大，消耗营养液量大，供应不及时也易造成植株萎蔫。NFT设施对速生性叶菜的生产较理想，如果管理得当，产量也不低。现有小型简易式的NFT设施，在楼顶或室内也可以安装和使用，美观方便，具有娱乐性。

家庭NFT设施

● 深液流技术（DFT）　深液流技术简称为DFT（Deep Flow Technique），即深液流循环栽培技术，指植株根系生长在较为深厚且流动的营养液层的一种水培技术。这种栽培方法与营养液膜技术（NFT）相似，不同之处是流动的营养液层较深（5～10厘米），根系的呼吸是通过向营养液中加氧来实现的，即将植物根系置于其中，同时采用水泵间歇开启供液使得营养液循环流动，以补充营养液中的氧并使营养液中养分更加均匀。这种系统的主要优点在于可以解决在停电期间营养液膜系统不能正常运转的问题。

深液流技术（DFT）设施

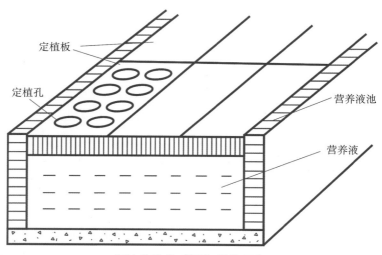

深液流技术（DFT）设施示意

DFT设施主要包括栽培槽、定植网或定植板、储液池、循环系统等部分。它是最早开发成可以进行农作物商品生产的无土栽培技术，能用于生产黄瓜、番茄、辣椒、甜瓜、西瓜、丝瓜等果菜类园艺植物，以及小白菜、生菜（叶用莴苣）、细香葱等叶菜类园艺植物。

● 浮板毛管技术（FCH） 浮板毛管技术简称为FCH（Floating Capillary Hydroponics），是指植物定植在浮板上，浮板在营养液池中自然漂浮的一种水培模式。浮板毛管技术克服了NFT的缺点，根系环境条件稳定，液体温度变化小，能充分供给根系氧气，不用担心因临时停电影响营养液的供给。

FCH设施由栽培槽、储液池、循环系统和控制系统组成，栽培槽由聚苯乙烯板连接成长槽，内铺聚乙烯薄膜。营养液的深度在3～6厘米，液面漂浮厚1.25厘米的聚苯乙烯泡沫板，板上覆盖亲水性无纺布，两侧延伸到营养液内。通过毛细管作用，可以使浮板始终保持湿润，植物的气生根生长在无纺布的上下两面，在空气中吸收氧气。栽培床一端安装进水管，另一端安装排液管，进水管处顶端安装空气混合器，增加营养液的溶氧量，这对刚定植的秧苗很重要。储液池与排水管相通，营养液深度通过排液口的垫板来调节。这种设施使吸氧和供液矛盾得到协调处理，而且设施造价便宜。

喷雾栽培（初学者不推荐）

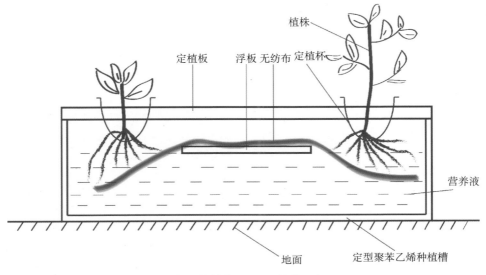

浮板毛管技术（FCH）设施示意

喷雾栽培又称雾培或气培，它是利用喷雾装置将营养液雾化为小雾滴状，直接喷射到植物根系以提供植物生长所需的水分和养分的一种无土栽培技术。植物悬挂在一个密闭的栽培装置（槽、箱或床）中，其根系裸露在栽培装置内部，且生长在黑暗条件下，悬空于雾化后的营养液环境中。黑暗的条件是根系生长必需的，以免植物根系受到光照滋生绿藻，同时封闭可保持根系环境的高湿度。它是所有无土栽培技术中根系的水气矛盾解决得最好的一种形式，同时也易于自动化控制和进行立体栽培，提高温室空间的利用率。

　　大连市农业机械化技术推广站物理农业专家指出喷雾栽培是以收获根系或者块茎、根茎类植物的最好栽培方式，采收极为方便，可以随时分批采收，或者按标准规格进行选择性采收。如百合、马铃薯、甘薯等地下利用型植物采用

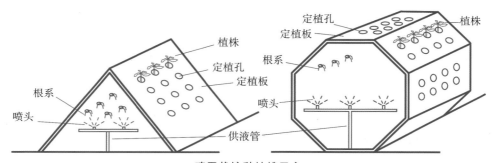

喷雾栽培种植槽示意

喷雾栽培种植槽

喷雾栽培，生物产量的形成速度大大加快，是土壤栽培的几倍。不像深埋在土壤中，无法直接观察到采收部位生长状况，采用喷雾栽培可以随时检查植株的地下部分，更利于观察与研究地下部分的发育情况，为人们制定管理措施及研究栽培技术提供更多的田间数据。另外，要收获土培植物的地下部分时，大多是一次挖掘性采收，导致产品大小、品质不一，而收获采用喷雾栽培植物的地下部分，就像采摘瓜果一样，可以进行分批、选择性采收，所收获的块根鳞茎类完全可以保持大小及品质的一致性，采用这一方法使经济产量比一次性采收要提高几倍，而且采收的地下部分干净整洁，利于清洗。

其他栽培模式

事实上，其他栽培模式均为前面所述无土栽培模式的变种，都是在它们的基础上演变而来的。

墙体式栽培

这种栽培模式可以是水培，也可以是基质栽培，利用特定的栽培设备附着在建筑物的墙体表面，实现植株的立体种植，有效地利用了空间，节约了土地，实现了单位面积上的更大产出比。可用不同颜色的植物栽植出造型文字、图案等，可用于生态餐厅、温室或其他景观场所作为围墙或隔墙使用，如果家庭中阳台空间大或者采光好，设计一面栽培墙也是非常棒的选择。

墙体式栽培景墙

墙体式栽培花卉景墙

立柱（抱柱）式栽培

将组建的圆柱体垂直竖立于地面，作为载体，在上面种植各种蔬菜、花卉等园艺植物，使植物栽培向空间发展，从而大幅度地提高了单位面积的种植和收获量。特别是在大城市郊区，立柱式无土栽培可在休闲农业中广泛应用。

立柱（抱柱）式管道无土栽培（水培）

立柱式栽培也可采用石棉水泥管或硬质塑料管，在管的四周按螺旋位置开孔，植物种植在孔中的基质中。也可采用专用的无土栽培柱，栽培柱由若干个短的模型管构成，每一个模型管上都有几个突出的杯状物，用以种植植物。现有简易栽培柱，可放于室内、阳台，节省空间，美观且有趣味。

简易立体栽培柱（基质栽培）

废弃物利用的无土栽培

可以利用大的饮料瓶从中间一分为二，即成为两个栽培容器，容器底部开若干小洞，以利于排水。将若干这种容器上下串联，垂直悬挂于阳台处或其他阳光较充足的地方。进行营养液浇灌时，多余的液体会滴入下方的栽培容器中，提高灌溉效率，而且也不会造成营养液的浪费。此方法最大的优点是充分利用了生活废弃物，对环境友好。

废弃饮料瓶作为容器的基质栽培

其他微型栽培模式

将水培模式和台灯组合在一起，既能满足种植的需求，又增添了生活的情趣。

桌面微型水培设施

无土栽培的发展现状和前景

纵观历史，农业的文明标志就是人类对植物生长发育的干预和控制程度。由于无土栽培技术的出现，使人类获得了包括无机营养条件在内的、对植物生长全部环境条件进行精密控制的能力，从而使得农业生产有可能摆脱自然条件的制约，按照人的愿望，向着自动化、机械化和工厂化的生产方式发展。这不仅使农作物的产量增长，而且在多方面都有着很好的优势和意义。从资源的角度看，耕地是一种极为宝贵的、不可再生的资源，由于无土栽培可以将许多不可耕地的资源加以开发利用，使不能再生的耕地资源得到扩展和补充，对于缓和及解决地球上日益严重的耕地问题有着深远的意义。无土栽培不但可使地球上许多荒漠变成绿洲，而且在不久的将来，海洋、太空也成为新的开发利用领域。水资源的问题日益严重地威胁人类的生存和发展。不仅在干旱地区，即使在发达的人口稠密的大城市，水资源紧缺问题也越来越突出。随着人口的不断增长，各种水资源被超量开采，甚至已近枯竭。因此控制农业用水是节水的措施之一，而无土栽培避免了水分的大量渗漏和流失，使得难以再生的水资源得到补偿。无土栽培将成为节水型农业、旱区农业的必由之路。

目前，无土栽培可应用于以下七个方面。

蔬菜生产

有些地方由于环境的污染，土壤、水质都受到影响，土壤种植的蔬菜受到污染，用作食物也会影响人们的健康。人们都希望吃到无公害的蔬菜。人体需要一定量的微量元素，而这些微量元素往往靠蔬菜提供，土壤中往往缺乏这些元素，生产出来的蔬菜自然不会富含这些元素。采用无土栽培，通过在营养液中加入适量微量元素，可供蔬菜吸收利用。因此，无土栽培的蔬菜不仅维生素含量高，矿物质的含量也丰富，可以称为保健蔬菜。

无土栽培应用于蔬菜生产

花卉生产

　　无土栽培可用于生产各种花卉、花木，由于无土栽培解决了土壤中水、空气和养分不平衡的矛盾，花卉质量都优于土壤。如采用无土栽培生产的香石竹，花期早、花期长、花朵大、香气浓，花茎不劈裂，茎秆不木质化，下部叶子不脱落。

无土栽培应用于花卉生产

室内园艺

随着国民经济和人们生活水平的提高，人们对生活的品质和环境的要求也越来越高，在工作闲暇之余对接触自然的渴求也越来越多。同时，良好的室内环境带给人更饱满的热情，小型无土栽培设施的不断革新，使得室内无土栽培变得更加丰富多彩。

室内基质栽培园艺植物

建设屋顶花园

创建屋顶花园，不仅为缺少土地的城市开辟了新的领域，且美化环境，减轻城市大气污染和改善城市生态平衡。

沙漠干旱地区栽培

无土栽培由于用水少，对开发干旱地区如我国西北等地有重要作用，如中国农业科学院蔬菜花卉研究所多年来致力于我国戈壁、荒漠的无土栽培研究，为我国西北地区非耕地开发利用做出了重要贡献。

建设国防菜园和太空菜园

　　我国幅员辽阔，很多边防哨所位于荒芜的海岛、沙漠戈壁、光秃的石质山区、蔬菜种植困难，采用无土栽培，这些难题都可解决。由于无土栽培离开了土壤，采用较轻的基质，蔬菜可以种植到宇宙空间，如俄罗斯的空间站就用无土栽培的方式种植蔬菜等，还可以种植到轮船和潜艇中。

无土栽培的其他用途

　　无土栽培可以种植经济植物、药用植物以及绿化苗木等；可以用于植物生理、植物营养、环境污染等许多方面的研究，如生物教学。除在生产上应用外，无土栽培技术在发展旅游农业、都市农业等方面都可发挥重要作用。
　　我国的无土栽培虽然发展较晚，与国外的一些发达国家相比仍较滞后，但是从这一学科所具有的优越性，以及在蔬菜（包括芽苗菜）、花卉、瓜果等植物上应用的特殊作用来看，无土栽培在我国仍然有其广阔的发展前景。无土栽培作为一门新学科、新技术，具有很多的优越性，然而它既需要一定的设施，又需要熟练地掌握其基本技术。因此，在实际应用时，要根据我国的国情，选用设施简单、应用方便、投资少、成本低、应用效果好的无土栽培方式和配套技术，同时还要在增加产量、降低成本、简化装置、提高效益等方面深入研究。这项新技术本身固有的多种优越性，已向人们展示了无限广阔的发展前景。总而言之，无土栽培今后还有相当大的发展空间，等待人类去探索。

Chapter 2

无土栽培营养液的选择与维护

无土栽培过程中没有土壤，植物生长需要的矿质元素全部或绝大部分来自营养液，因此营养液是无土栽培的基础和关键。

配制营养液前首先要了解植物吸收营养的特点。从根本上讲，植物形成自身组织的原料都来源于叶片的光合作用和根系吸收的水、肥（矿质营养），其中植物所需的矿质营养必须呈溶解的离子状态才能被根系通过离子交换等方式吸收。

根据植物生长对养分的需求，把一定量的肥料按适宜的比例溶解于水配制而成的溶液称为营养液，换句话说营养液就是"化肥的水溶液"。无论是否使用固体基质，都要通过营养液为植物提供养分和水分。无土栽培的成功与否在很大程度上取决于营养液配方、浓度、各种营养元素的比例、酸碱度、液温是否合适，以及植物生长过程中的营养液管理是否能满足各个生长阶段的要求。只有采用正确的配方，按适宜的方法配制和管理营养液，使植物在生长发育的任何时期都处于最适宜的营养液环境中，植物才能将更多的能量用于生长、开花、结果，从而获得快速、高产、优质的栽培效果。

标准营养液的成分含量

在一定体积的营养液中，各种必需营养元素的盐类含量称为营养液配方。

营养液配方组成是否合理，直接影响植物的生长和栽培成本。尽管营养液配方数量繁多，一个优秀的种植者应掌握营养液配方组成的原理，以便根据所栽培的植物、当地水质、肥源和气候等具体情况，自己确定或选择配方，或对已有配方进行有针对性调整。

营养液必须含有全部植物必需元素

植物必需营养元素有17种，其中碳由空气中的CO_2提供，氢、氧由水和空气提供，其余14种元素由矿质营养提供。在无土栽培中，除有些固体基质提供部分元素外，大部分是通过根系吸收营养液来获得。因此，营养液中应包括除碳、氢、氧以外的植物生长发育所必需的所有营养元素，即氮（N）、磷（P）、钾（K）、钙（Ca）、镁（Mg）、硫（S）、硅（Si）等大量元素和铁（Fe）、锰（Mn）、硼（B）、锌（Zn）、铜（Cu）、钼（Mo）、氯（Cl）等微量元素。微量元素镍是1997年才被植物生理学家列为植物必需的微量元素，但目前主要依靠水来提供，无土栽培中通常不专门使用含镍肥料。另外，有些微量元素（如硼、钼）由于植物的需要量很少，在水源、固体基质或肥料中的含量足以满足需要，有时可不再另行加入。

不同植物、不同品种或同一植物的不同生育阶段，对各种营养元素实际需要量有很大差异，因此，在选配营养液时，要先了解各类植物以及不同品种各个生育阶段对各种必需元素的需要量，据此确定营养液的组成成分和比例。

营养液中的各种元素必须处于根系可吸收状态

矿质元素只有溶解到水中并呈离子状态才能被吸收，因此，多选用溶解度高的无机盐配制营养液。有时为了提高某些元素的有效性，也使用部分有机螯合物，如用螯合铁替代硫酸亚铁，这些都是商业化的产品，很容易购买到。另外，有些配方中也选用一些有机物，例如用酰胺态氮——尿素作为氮源，但由于尿素难以直接被植物吸收，因而仅限于在基质栽培中使用，在基质中可以与氧气接触，氧化为硝态氮后被植物吸收。

> **温馨提示：**不能被植物直接吸收的有机肥不宜直接用作配制营养液的肥源，在非固体基质栽培中尤其要避免有机肥的加入。

营养液中的各种营养元素要均衡

植物根系对矿质元素的吸收有选择性，根系吸收的离子数量同溶液中的离子浓度并不成正比关系。植物在只有一种盐类的溶液中不能生长，这一现象称作"单盐毒害"。加入其他盐类，单盐毒害会被消除，因此，营养液中各种营养元素的数量比例应符合植物生长发育的需要，并做到均衡供应。在确定营养液配方时，一般在保证植物必需营养元素品种齐全的前提下，所用的肥料种类应尽可能少，以防止化合物带入植物不需要或过剩的离子或其他杂质（表2-1）。

表2-1　营养液中各元素浓度范围

元素	浓度单位（毫克/升）			浓度（毫摩尔/升）		
	最低	适中	最高	最低	适中	最高
硝态氮（$NO_3^- \text{-N}$）	56	224	350	4	16	25
铵态氮（$NH_4^+ \text{-N}$）	—	—	56	—	—	4
磷（P）	20	40	120	0.7	1.4	4
钾（K）	78	312	585	2	8	15
钙（Ca）	60	160	720	1.5	4	18
镁（Mg）	12	48	96	0.5	2	4
硫（S）	16	64	1 440	0.5	2	45

（续）

元素	浓度单位（毫克/升）			浓度（毫摩尔/升）		
	最低	适中	最高	最低	适中	最高
钠（Na）	—	—	230	—	—	10
氯（Cl）	—	—	350	—	—	10
铁（Fe）	2	—	10			
锰（Mn）	0.5	—	5			
硼（B）	0.5	—	5			
锌（Zn）	0.5	—	1			
铜（Cu）	0.1	—	0.5			
钼（Mo）	0.001		0.002			

营养液中的各种元素应具有较强的稳定性

在种植过程中，营养液中的各种化合物应长时间地保持其有效性，不应因营养液中空气的氧化、根的吸收以及离子间的相互作用而在短时间内降低有效性。

营养液总盐浓度要适宜

营养液配方的总浓度（盐分浓度）应适合植物正常生长的要求。外国学者认为营养液总浓度的电导度范围不能超过4.2毫西/厘米，最低也不能低于0.83毫西/厘米，较适宜的数值是2.5毫西/厘米。不同单位下，营养液的浓度范围见表2-2。

表2-2　营养液的浓度范围

最低浓度	适中浓度	最高浓度	计量单位
0.83	2.50	4.20	毫西/厘米
1 000	2 000	3 000	毫克/升
0.10	0.20	0.30	%
20	35	60	毫摩尔/升
50.66	81.06	152.00	千帕

营养液酸碱度要适宜

酸碱度是指溶液的酸碱性强弱，一般由溶液中 H^+ 浓度大小决定，用 pH 表示，pH=7 溶液显中性，pH<7 溶液显酸性，pH>7 溶液显碱性。营养液酸碱度是决定营养液质量好坏的一个重要指标，对植物生长发育有重要影响。主要影响分为两方面：一方面植物在营养液中生长，都有其适宜的 pH 范围，pH 过高或过低都会直接影响植物根系的生长；另一方面营养液的酸碱度对植物根系吸收矿质元素有很大影响，多数元素只有在一个狭窄的酸碱度范围内才呈溶解的离子状态，可被植物吸收利用。栽培过程中植物出现缺素症状时，并不一定是因为营养液中缺乏某种元素，而很可能是 pH 不适宜，降低了营养元素的有效性。通常来讲，pH 在 5.5 ~ 6.5 时植物的吸收利用率高。

市场上常见的营养液产品

如果自行设计组配新的营养液配方，一般要先了解这一植物全生育期及不同生育阶段对氮、磷、钾、钙、镁、硫等主要元素的需要量和养分吸收特点，然后筛选适用的肥料种类，了解不同化合物主要养分的含量及其纯度，在此基础上才能进行肥料用量的计算。

由于方法不同，科学家提出的营养液组成理论也不同，目前，世界上已经发表了无数的营养液配方。在对营养液配方的研究过程中，美国植物营养学家霍格兰（Hoagland D.R）研究的配方最为著名，被世界各地广泛使用，许多营养液配方都是参照该配方调整演化而来。目前常见的营养液配制主要有三种配方依据，即园试标准配方、山崎配方和斯泰纳配方。

园试标准配方是日本园艺试验场经过多年研究而提出的，是通过分析植株对不同元素的吸收量，决定营养液配方的组成。

表2-3　园试标准配方（大量元素）

大量元素化学名称	分子式	相对分子质量	标准浓度（毫克／升）	浓缩10倍浓度（克／升）
四水硝酸钙	$Ca(NO_3)_2 \cdot 4H_2O$	236.15	945	9.45
硝酸钾	KNO_3	101.10	809	8.09
磷酸二氢铵	$NH_4H_2PO_4$	115.03	153	1.53
七水硫酸镁	$MgSO_4 \cdot 7H_2O$	246.47	493	4.93
总浓度			2 400	24

注：浓缩倍数不能太高，防止生成硫酸钙沉淀。配制1升计算用1。

使用方法：配制每升营养液取大量元素浓缩液100毫升。

表2-4　园试标准配方（微量元素）

微量元素化学名称	分子式	相对分子质量	标准浓度（毫克／升）	浓缩200倍浓度（克／升）
七水硫酸亚铁	$FeSO_4 \cdot 7H_2O$	278.05	13.21	2.65
二水乙二胺四乙酸二钠	$C_{10}H_{14}N_2Na_2O_8 \cdot 2H_2O$	372.24	17.68	3.54
三水乙二胺四乙酸铁钠	$C_{10}H_{12}FeN_2NaO_8 \cdot 3H_2O$	421.10	20	4
一水硫酸锰	$MnSO_4 \cdot H_2O$	169	1.62	0.33
四水硫酸锰	$MnSO_4 \cdot 4H_2O$	223	2.13	0.43
硼酸	H_3BO_3	61.83	2.86	0.58
七水硫酸锌	$ZnSO_4 \cdot 7H_2O$	287.56	0.22	0.04
五水硫酸铜	$CuSO_4 \cdot 5H_2O$	249.68	0.08	0.02
二水钼酸钠	$Na_2MoO_4 \cdot 2H_2O$	241.95	0.02	0.004
总浓度			57.81	11.56

注：先配制乙二胺四乙酸铁钠，络合反应完毕，再混入其他。配制1升计算用1。

使用方法：配制每升营养液取微量元素浓缩液5毫升。

经过多年实践反复证明园试标准配方是行之有效的配方，它不仅适用于某一种植物，而且适于与这种植物相类似的另外一些植物，这种配方称为通用配方，如霍格兰配方、日本园试配方中许多配方即为通用配方，本书附录中列出了一些常用营养液配方组成以供读者参考。然而，通用配方并不适用于任何植物，因为植物对营养的需求有各自的规律，甚至某种植物的不同生长期对某一种或某一些养分需求量也有变化。例如，利用园试配方配制的营养液种植生菜（叶用莴苣）和种植芥菜，会出现芥菜缺铁而生菜（叶用莴苣）正常的现象。因此，在选择一个通用配方时，要根据植物特性、当地水质和气候以及不同的生育时期来使用并进行适当的调整。

如果需要对配方进行营养元素的调整可参考：

- 含氮营养物质　常用的氮肥有硝酸钾、硝酸钙、磷酸二氢铵、硫酸铵、氯化铵、硝酸铵等。
- 含磷营养物质　常用的磷肥有磷酸二氢铵、磷酸二氢钾等。
- 含钾营养物质　常用的钾肥有硝酸钾、硫酸钾、氯化钾以及磷酸二氢钾等。植物对钾吸收较快，需要保证供给，但是注意不能过多。
- 含钙营养物质　最常用的钙肥是硝酸钙。钙在植物体内移动困难。无土栽培时常会发生缺钙症状，应特别注意调整。
- 含硫和微量元素　在营养液中常用镁、锌、铜、锰等硫酸盐同时解决硫和微量元素的供应。
- 含铁营养物质　常用来作为铁源的物质有乙二胺四乙酸铁钠和乙二胺四乙酸二铁钠，在营养液配制和使用过程中不易发生沉淀，容易被植物吸收。
- 含硼和钼的营养物质　多用硼酸、硼砂和钼酸钾、钼酸钠。

营养液的维护与更换

营养液的管理主要指循环供液系统中营养液的管理。开放式基质栽培时，营养液不回收使用，管理方法较为简单。

营养液的使用

营养液的使用方式主要有3种，即水培、雾培和基质栽培，在每种方式中，营养液的使用都有各自的特点。

水培营养液

营养液用于水培时，植物根系浸入营养液，直接从中吸收水、肥和氧气。在水培条件下，有多种方法固定根系，通常是把根系固着在吸水性较强并有一定结构的基质中，将基质的一部分浸在营养液中。例如，在营养膜技术中，可将植株种植在岩棉块、草炭育苗块、陶粒或砾石定植杯里，再将其放在流动的薄层营养液中，在外观上看不到基质，而只见到营养液在流动。

在水培中，营养液的浓度不可过高，一般来讲，浓度低一些反而更有利于植株生长，只要植株不出现缺素症，就不要提高营养液的浓度。在低浓度情况下，稍微改动营养液中的离子比例，即可观察到明显的生长效果。

雾培营养液

雾培是把营养液雾化喷射到植物根系周围，在植物根系表面凝结成营养液水膜，使根系有足够的机会吸收水、肥和氧气。为了避免营养液的浓度因水分蒸发而改变，植株根系必须置于密闭、黑暗的环境中，以减少水分散失。

雾培的营养液浓度类似水培，适当降低。如果营养液浓度过高，营养成分比例失调，植物反而会出现缺素症。如果蔬菜生长过快，也可用提高营养液浓度的方法来调节，一方面可以提供足够的养分，另一方面可以促进器官分化。

基质栽培营养液

除沙、砾石、岩棉、珍珠岩等惰性基质外，基质栽培营养液的浓度和组成没有水培或雾培要求严格，尤其是在使用有机基质比例较高的复合基质时，由于有机基质能吸附足够多的养分，当营养液浓度高时，可以增加基质表面的吸附量；反之，当营养液浓度降低时，吸附的养分会解离出来，供植物利用。同时，植物根系对离子的吸收具有选择性，植物对需要量比较多的离子吸收多一些，对需要量少的离子则吸收少一些。有些离子虽然在营养液中的浓度很高，但植物不一定吸收，这些离子会被基质更多地吸附；有些离子虽然在营养液中浓度不是很高，但根系能选择性地吸收，基质吸附这些离子就少一些。

可见，由于基质的吸附作用和植物的选择性吸收，营养液可以在相对较大的浓度和组成范围内变化。因此，对于无土栽培的初学者，选用复合基质栽培更容易成功。

基质栽培条件下，营养液浓度通常控制配方要求的1个剂量（按照配方规定用量而配制出来的营养液浓度称为1个剂量），即使稀释，也多是稀释至0.5个剂量，即原来浓度的一半。因为基质对营养液的养分吸附将导致两个结果：一是降低了营养液中养分的有效性，养分在水培和雾培中能起到的生长作用，在基质栽培中不一定能实现；二是改变了营养液中养分的比例，有些基质对阳离子的吸附大于阴离子，而有些对一价阳离子的吸附大于二价阳离子，特别是目前我们还很难清楚地了解基质的离子交换和吸附机制。这两种情况都要求增大营养液浓度，使介质中的营养液浓度不至于有明显变化。换句话说，基质栽培所用的营养液浓度要大于水培和雾培。

营养液浓度的调整

营养液浓度发生变化的原因

植物生长过程中不断吸收养分和水分、营养液中水分的蒸发，会引起其浓度、组成的不断变化。

营养液浓度的调整原则

电导度（EC）可反映出营养液总盐浓度，电导度通过EC计来测量。EC计是无土栽培必备的测量仪器之一，售价不高，尤其推荐初学者购买。以岩棉栽培为例，在营养液循环封闭式无土栽培系统中，绝大多数植物的营养液电导度不应低于2毫西/厘米，当低于此值时，就应向营养液中补充固体肥料或预先配制好的母液。

电导度最适值又因植物种类、生长发育阶段和环境条件的不同而有差异。

不同植物适宜的营养液浓度不同，这是由遗传原因决定的，通常茄果类蔬菜和瓜类蔬菜的最适浓度比叶菜类高。每种植物都有其适宜的浓度范围，绝大多数植物的适宜浓度为0.5～3毫西/厘米，最高不超过4毫西/厘米。

不同生育时期，适宜的营养液浓度也不一样，苗期浓度可较低，旺盛生长期植株大，吸收量多，浓度应较高。以番茄为例，在开花之前的苗期，适宜的浓度为0.8～1.0毫西/厘米，开花至第1穗果实结果时期的适宜浓度为1.0～1.5毫西/厘米，而在结果盛期的适宜浓度为1.5～2.2毫西/厘米。也有专家认为，在结果期的浓度可调整到2.5～3.0毫西/厘米。

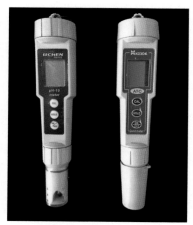

便携式EC计（左）和pH计（右）

环境条件不同，适宜的营养液浓度也不一样。番茄在弱光条件下适宜较高的电导度，当光照充足、蒸腾旺盛时，则应降低到 3 毫西/厘米。英国温室园艺研究所在进行番茄的长季节栽培研究得出，EC 值为 2 ~ 10 毫西/厘米番茄均能生长，然而 EC 值较高（高于 4 毫西/厘米）时，番茄的总产量显著降低。然而，较高的 EC 值（小于 6 毫西/厘米）能非常有效地抑制植株过旺的营养生长。

生菜（叶用莴苣）类栽培最好采用约 2 毫西/厘米的较低的 EC 值，在光照充足时 EC 值可以更低。

岩棉栽培黄瓜适宜的 EC 值为 2.0 ~ 2.5 毫西/厘米，岩棉栽培番茄适宜的 EC 值为 2.5 ~ 3.0 毫西/厘米。

营养液浓度调整方法

栽培过程中，在缺少自动监测和调控装置时，必须定期进行人工检测，通过补充水分和浓缩液的方法调整，补充养分时一般是根据所用的营养液配方全面补充。

● **养分的补充**

（1）**补充养分时机的确定** 根据营养液浓度降低的程度，确定补充养分的时机。应每间隔 2 ~ 3 天测定一次营养液电导度，当总盐浓度降到 1/2 ~ 1/3 剂量时就补充养分，恢复到初始浓度。

（2）**简便的养分补充方法** 确定了养分补充的下限之后（例如降至原始营养液浓度的 40% 时），当营养液浓度下降到此浓度或以下时，就按营养液体积补充所用配方 1 个剂量的浓缩液或肥料，即种植系统中经过补充养分后的营养液浓度要比初始浓度高。由于植物对养分浓度有一定的范围要求，而且所用营养液配方的浓度原来就较低，所以此法比较安全，而且操作简单、方便。

● **水分的补充** 由于植物叶片蒸腾及根系对水和养分的不均衡吸收，会出现营养液浓度升高的现象，此时要补充水分。在天气炎热、气候干燥时，高大的植物耗水量多，需要补充的水分也多。短期内确定补水量的简易方法：水泵启动前在储液池侧壁上划好刻度，水泵启动一段时间后再停机，栽培槽中过多的营养液全部流回储液池后，如发现液位降低较多，就必须补充水分至原来的液位。

● **蔬菜生长发育进程中营养液成分的调整** 不同植物对不同养分的需要，特别是对氮、磷、钾的需求有差异，一般叶菜类蔬菜可忍受较高浓度的氮，因为氮能促进营养生长，而果菜类则喜较低浓度的氮和较高浓度的磷、钾和钙。

养分组成也应随生长发育进程而变化，以氮、钾比为例，在番茄生长初期，氮和钾的吸收比例为氮∶钾=1∶2（按重量计算）；随着果实的增大，氮的吸收量减少，而钾的吸收量大大增加，因此其吸收比例为氮：钾=1：2.5；当第1穗果采收后，植株又开始迅速生长，氮和钾的吸收量增加，吸收比例下降到1：2。

在循环供液系统中，由于植物根系吸收营养元素的同时也会释放一些有机酸和糖类物质，使营养液成分发生变化，因此，如果想成为无土栽培达人，最好能定期分析营养液的成分，一般大量元素是每2～3周分析一次，微量元素是每4～6周分析一次，然后根据分析结果进行调整。一般情况下，除硫、铁以外，大量元素浓度高时一般没太大危害，但过多的微量元素则对植物有害。

营养液酸碱度的调整

营养液酸碱度对植物生长的影响

营养液的酸碱度通常用pH来表示，不同蔬菜的适宜pH不同（表2-5），对大多数蔬菜来讲，pH5.5～6.8的弱酸性环境最理想，pH过高或过低会损伤根系，但一些特别耐酸的植物，如蕹菜，可在pH低于5.5的情况下正常生长。适宜的pH也因栽培形式不同而有差异，例如NFT系统的营养液pH应保持在5.8～6.2，不能超出5.5～6.5。

表2-5　部分蔬菜的最适pH

种类	pH	种类	pH
胡萝卜	7.5	芹菜	7.5
茄子	6.5	大蒜	6.5
芥蓝	6.8	莴苣	7.0
洋葱	7.5	甘蓝	7.5
萝卜	6.5	抱子甘蓝	6.5
南瓜	6.0	花椰菜	7.5
甜瓜	6.0	马铃薯	5.5
黄瓜	6.5	豌豆	6.0
芜菁	6.0	菠菜	6.5
菜豆	6.0～6.5	辣椒	6.0
西瓜	6.0	韭菜	6.5

pH还间接影响营养液中多种元素的有效性。pH过高（大于7.0）会导致铁、锰、铜和锌等微量元素沉淀，尤其对铁的影响最大。此外，当pH小于5时，由于氢离子的拮抗作用，植物对钙的吸收受阻，引起缺钙症，同时还会使植株过量吸收某些元素而导致中毒。当pH不适宜时，植株会表现出根端发黄或坏死、叶片失绿等异常现象。

营养液酸碱度发生变化的原因

好的营养液配方具有较强的pH缓冲能力，即栽培过程中表现稳定，无需调节。但如果所用水源的水质较差，或基质（如岩棉、砾石）化学性质不够稳定、植株生长过快营养液被迅速消耗时，也需要经常检测和调节pH。按普通配方配制的营养液，其pH更容易发生变化。

营养液pH发生变化的主要原因是栽培过程中根系对各种离子吸收具有选择性，有的吸收多，有的吸收少，导致营养液中各种离子比例失衡，不同盐类的生理酸碱性反应的表现势必导致整个营养液的pH发生变化。营养液pH表现主要取决配方中生理酸性盐和生理碱性盐的相对量。如果配方中的硝酸盐如KNO_3、$Ca(NO_3)_2$的用量较多，则营养液大多呈生理碱性；如果配方主要用NH_4NO_3、$(NH_4)_2SO_4$等铵态氮、尿素以及K_2SO_4作为氮源和钾源，则营养液大多会呈生理酸性。一般呈生理碱性的配方pH变化幅度小且易控制，生产上选用这类配方可减少调节pH的次数。

对于循环供液系统，最好每天测定和调整1次pH，营养液非循环利用时只是在配制时调整1次pH。目前，一般用pH测定仪（又叫酸度计、pH计）来

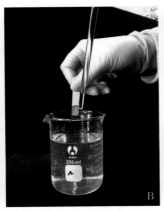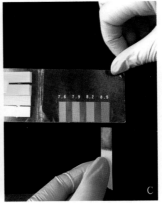

营养液pH的测定
A.pH计测定　B.pH试纸测定　C.pH试纸比色

测量，只需将电极头插入溶液，轻轻搅动溶液，待读数稳定不变后，即为溶液的pH。还可以用pH试纸比色法，方法是取一条试纸浸入营养液，立即取出，与标准色板比较即可估计出pH。这两种方法操作都很简单，容易上手，但后者准确性差，只能测出大致范围，且pH试纸放置时间过长容易失效，引起较大的误差。

营养液酸碱度的调整方法

• **加酸中和** 当营养液pH高于植物适宜pH上限，就要用稀酸中和调节。一般选用稀硫酸（H_2SO_4）或稀硝酸(HNO_3)，用HNO_3中和时，HNO_3中的NO_3^-会被植物吸收利用，但HNO_3用量太多则会造成氮素过剩；用H_2SO_4中和时，尽管H_2SO_4中的SO_4^{2-}也是植物的养分，但植物的吸收量较少，可能会造成SO_4^{2-}的累积，只要不是大量积累就不会对植物造成危害。生产中大多用H_2SO_4调节pH，也可用HNO_3甚至可用H_3PO_4。

营养液pH的调节

> **温馨提示：** 以上提到的酸均为强酸，一定要放置在家庭中的安全位置，避免儿童触及。使用时也要格外注意安全，如果不慎溅到皮肤上，一定要马上用大量水冲洗，情况较严重要及时到医院进行治疗。

• **加碱中和** 当营养液的pH下降时，可用稀碱溶液如氢氧化钾（KOH）、氢氧化钠（NaOH）来中和。用KOH时带入营养液中的K^+可被植物吸收利用，而且植物对K^+有奢侈吸收现象，因此不会对植物造成危害；而用NaOH中和时，由于Na^+不是必需元素，植物吸收量有限，因此会在营养液中积累，如果量大的话就可能产生盐害。但由于KOH的价格较NaOH昂贵，生产上最常用的还是NaOH。

> **温馨提示：** KOH和NaOH均是强碱，其水溶液对皮肤有很强的腐蚀性，在配制和使用时也要注意防溅。如果不慎溅到身上，也要用大量水冲洗。

- **酸碱加入量的确定** 进行粗放管理时，可逐渐少量加入稀酸或稀碱，边加入边搅拌，并测量pH，直至达到预定值为止。

> **温馨提示**：避免加入速度过快或溶液过浓，从而避免由于局部营养液过酸或过碱而产生沉淀。

提高营养液中的溶解氧

营养液溶解氧对植物的作用

植物根系只有进行呼吸才能产生能量，为吸收营养提供动力，因此必然要消耗氧气。如何满足根系对氧气的需要一直是设计无土栽培装置的关键，无土栽培尤其是水培，氧气供应是否充分和及时往往成为决定植物能否正常生长的限制因素。

植物根系所需的氧气有一小部分来自输导组织由地上部向根系的输送，而绝大部分依靠根系对营养液中溶解氧的吸收。如果营养液的溶解氧含量不能达到正常水平，就会阻碍根系吸收营养，植物就会表现出各种异常现象，甚至死亡。

溶解氧浓度及测定方法

营养液的溶解氧浓度是指在一定温度和大气压下单位体积营养液中溶解的氧气的量，以毫克/升作为单位。而在一定温度和大气压下单位体积营养液中溶解氧达到饱和时的浓度称为饱和溶解度，即饱和溶氧量。由于溶解于溶液中的空气中氧气所占比例是一定的，因此也可以用空气饱和百分数（％）来表示此时溶液中的氧气含量，相当于饱和溶解度的百分比。

营养液的溶解氧可以用测氧仪测得，此法简便、快捷。

影响营养液氧气含量的因素

营养液中的氧气含量受多种因素影响，尤其是与温度的关系最为密切，温度越高，饱和溶氧量越低；反之，温度越低，饱和溶氧量越高。因此，夏季高温季节水培植物根系最容易缺氧。不同种类的植物根系的耗氧量有很大差异，且与不同的生育时期有关。

植物对溶解氧浓度的要求及溶解氧的消耗

● **植物对溶解氧的浓度要求**　不同植物种类、生长时期、气候条件对溶液中溶解氧浓度的要求不同。值得注意的是，有些沼泽性或半沼泽性植物（如豆瓣菜、水芹）、耐涝的旱地植物［芹菜、生菜（叶用莴苣）］，可从地上部向根系大量输送氧气以满足根呼吸所需，在进行这类植物水培时，不强调对营养液增氧，甚至可以进行静止水培；而大多数的十字花科和豆科植物对营养液低氧环境较为敏感，因此增氧甚至会成为栽培能否成功的关键。不同天气，植物对营养液中溶解氧的消耗量也不同，晴天时，温度越高，光照越强，植物对溶解氧的消耗越多；反之，在阴天，温度低或光照弱时，植物对溶解氧的消耗少。

水培中，营养液中溶解氧的浓度应维持在4～5毫克/升，相当于在温度15～27℃时饱和溶解度的50%左右。

● **植物对氧的消耗量和消耗速率**　植物根系对溶解氧的消耗量及消耗速率取决于植物种类、生育时期以及每株植物平均占有的营养液量的多少。一般甜瓜、辣椒、黄瓜、番茄、茄子等瓜类或茄果类植物的耗氧量较大，而蕹菜、生菜（叶用莴苣）、菜薹、白菜等叶菜类植物的耗氧量较小。处于生长旺盛时期、单株占有营养液量少时，溶解氧的消耗速率快。

甜瓜（耗氧量较大）

白菜（耗氧量较小）

提高营养液溶氧量的途径

　　提高营养液溶氧量的基本原理是增加营养液和空气的接触面积。具体的增氧方法分空气自然扩散和人工增氧两类。空气自然扩散的增氧速率很慢，增量少，只适宜苗期使用，水培及多种基质栽培中都要采用人工增氧的方法。

　　人工增氧是利用机械和物理的方法来增加营养液与空气的接触机会，增加氧在营养液中的扩散能力，具体方法有以下几种。

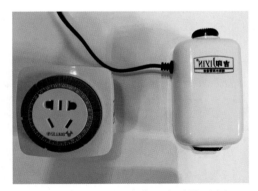

小型空气泵（左）和电源定时器（右）

　　● **使用压缩空气泵**　压缩空气泵简称气泵，可将空气直接以小气泡的形式打入营养液，并使空气在营养液中扩散以提高溶氧量。此法增氧效果很好，在家庭水培中经常配合电源定时器使用，间歇性供氧，节省用电的同时保持一定的供氧量，效果很好。

• **向营养液中加化学增氧剂** 有一种产自日本的装置，可控制过氧化氢（H$_2$O$_2$）缓慢释放氧气，在装置中注入过氧化氢之后放在营养液中可释放出氧气。此法增氧效果好，但价格昂贵，现主要用于家用小型装置中。

• **降低液温** 夏天气温高，可以将营养液箱放在阴凉处，以增加溶氧量。

• **营养液循环流动** 采用有落差循环流动供液装置，通过循环过程中水流的冲击和流动来提高溶解氧含量。在循环管道中加上空气混入器，增大落差、使溅泼面分散、适当增大水泵的压力以形成射流等都有利于提高增氧效果，此法在家庭水培中应用普遍。

家庭用封闭式循环水培装置

注：红色箭头所示为营养液流动方向

营养液的温度管理

营养液温度对植物的影响

营养液温度简称液温，直接影响根系对水分、养分的吸收和植物的生长。由于在漫长的进化过程中，根系适应了温度相当稳定的地下环境，与地上部分相比，根系对温度变化更敏感，适宜温度范围更窄。如果液温长期超过28℃，多数植物会出现生长缓慢、发育受阻现象。

同时，适宜而稳定的液温可缓解过高或过低的气温对植物造成的不良影响，例如，冬季气温降到10℃以下，如果液温仍保持在16℃，则对番茄的果实发育无影响；在夏季，气温升到32～35℃，如果液温仍保持在28℃以下，则黄瓜的产量不受影响。

一般来说，黄瓜、番茄、辣椒、菜豆等喜温性蔬菜的适宜液温为15～25℃，芹菜、韭菜、樱桃萝卜、白菜的适宜液温为15～22℃。在营养液管理中，夏季的液温应不低于15℃。

调整营养液温度的方法

家庭无土栽培中多采用各种保温措施。例如，利用泡沫塑料等保温隔热性能较好的材料来建造种植槽，冬季温度较低时可起到保温作用，而在夏季高温时可以隔绝太阳光的直射而使营养液温度不至于过高；加大每株的供液量，提高营养液对温度的缓冲能力；将储液箱（池）放置在避光位置。

加温的基本方式是在储液池中安装电热管，有条件者可加装温度自控仪，实现自动控制。这些器材都可以在水族器材市场买到。

营养液的供液时间和次数

营养液的供液时间和次数主要依据栽培形式、蔬菜生长状态、环境条件而定。在栽培过程中应适时供液，保证充足的养分供应。但是供液过于频繁也不利于植物生长，且浪费能源。

供液时间一般选择在白天，夜间不供液或少供液。晴天供液次数多些，阴雨天少些；气温高、光照强时多些，反之少些。一般在基质栽培中，每天供液2～4次即可，通过定时器控制，如果基质较厚，供液次数可少些；基质较薄，供液次数可多些。每次供液5分钟。

不同的水（雾）培模式的供液量和供液频率差别较大，同时也受制于植物不同的影响，需要种植者根据不同的环境情况进行适当的调节。

营养液的更换

营养液使用一段时间后应适时更换。因为营养液中会积累过多有碍植物生长的物质，营养不平衡，病菌大量繁殖，致使根系生长受阻，甚至导致植株死亡。也正是由于这些物质的影响，电导率仪测定的电导度值已不具有实际意义。

何时更换营养液可以通过测定营养液的总盐浓度或主要营养元素的含量来

判断，也可以根据经验来判断。如果经过连续测量，电导度一直处于一个较高的水平而不降低，这说明营养液中非营养成分积累得较多。为准确起见，可用仪器分析的方法检测营养液中氮、磷、钾等大量营养元素的含量，如果这些大量营养元素含量很低，而电导率又很高，就能进一步证明营养液中含非营养成分的盐类较多，需要更换。

如果在营养液中积累了大量的病菌而致使植物发病，且病害难以用农药控制时，就需要马上更换营养液。更换时要对整个种植系统进行彻底的清洗和消毒。

一般家庭中并没有仪器来对营养液进行检测，可考虑根据植物生长期来决定营养液的更换时间。一般在软水地区（我国南方地区），生长期较长的植物（每茬3～6个月，如黄瓜、甜瓜、番茄、辣椒等）在整个生长期中可以不更换营养液，只需补充消耗掉的养分和水分，调节pH。生长期较短的植物（每茬1～2个月，如部分叶菜类蔬菜），一般不需要每茬都更换，可连续种植3～4茬才更换一次。硬水地区（我国北方地区），生长期较短的叶菜类蔬菜一般每茬更换一次营养液，果菜每1～2个月更换一次营养液。

Chapter 3
无土栽培基质的选择

基质是根系生长的场所，在各种无土栽培生产技术中，或多或少地要用到基质，即使是水培或者雾培技术，都要在育苗时使用固体基质，在定植时用少量的固体基质来固定和支撑植物。因此，在进行无土栽培前首先要对基质的作用有初步的了解，才能根据所种植物正确选择基质或基质配比。

基质的选用原则及作用

基质的含义及选用原则

　　无土栽培基质是一种用于固定栽培植物，提供植物根系水分和营养的基础物质，通称栽培基质，由于无土栽培的设置栽培形式不同，所采用的基质和基质在栽培中的作用不尽相同，一定条件下，直接影响无土栽培的栽培效果。

　　无土栽培的技术特点在于为植物根系创造一个适宜的营养条件和环境条件，相应地管理技术要求也在提高。因此，基质的选用也会随着栽培形式的改变而变化。某种基质在某种栽培形式下可能是适用的，但栽培形式改变以后，可能就不适用，需由另一种基质代替，但选用的基本条件和原则是相同的。

　　无土栽培选用的基质，要求具备一定的条件，即基质必须具备固定植物进行正常生长的作用。对营养液有一定的保持能力和扩散能力，使营养液能均匀分布并保持一定时间，如果这方面的能力较弱，势必增加供液次数与供液量；基质必须具备一定的透气性能，供应根系呼吸所需要的氧气等。上述条件必须协调一致，才能符合根系生长所要求的良好条件。

基质的作用

持水作用

　　任何基质都有保持一定水分的能力，只是不同基质的持水能力有差异，而这种持水能力的差异可因基质的不同而差别甚大。例如，颗粒粗大的砾石其持水能力较差，只能吸持相当于其体积10%～15%的水分；而泥炭则可吸持相当于其本身重量10倍以上的水分；珍珠岩也可以吸持相当于本身重量3～4倍的水分。不同吸水能力的基质可以适应不同种植设施和不同植物生长的要求。

一般要求固体基质所吸持的水分要能够维持两次灌溉间歇期间植物不会因失水而受害，否则将需要缩短两次灌溉的间歇时间，但这样可能造成管理上的不便。

固定支撑植物的作用

这是无土栽培中所有的基质最主要的一个作用。基质的使用是使得植物能够保持直立而不至于倾倒，同时给植物根系提供一个良好的生长环境。

缓冲作用

缓冲作用是指基质能够给植物根系的生长提供一个较为稳定环境的能力，即当根系生长过程中产生的一些有害物质或外加物质可能会危害到植物正常生长时，基质会通过其本身的一些理化性质将这些危害减轻甚至化解。并非任何一种基质都具有缓冲作用，具有物理化学吸收能力的固体基质都有缓冲作用。例如，泥炭、蛭石等就具有缓冲作用。一般把具有物理化学吸收能力、有缓冲作用的固体基质称为活性基质。而没有物理化学吸收能力的基质就不具有缓冲

蛭石　　　　　　　　　　泥炭

岩棉　　　　　　　　　　沙
常见活性基质（蛭石、泥炭）与惰性基质（岩棉、沙）

能力，例如沙、砾石、岩棉等就不具有缓冲作用。这些不具有缓冲能力的基质称为惰性基质。

生长在基质中的根系在生长过程中会不断地分泌出有机酸，根表细胞的脱落和死亡以及根系释放出的CO_2如果在基质中大量累积，会影响到根系的生长；营养液中生理酸性或生理碱性盐的比例搭配不完全合理的情况下，由于植物根系的选择吸收而产生较强的生理酸性或生理碱性，从而影响植物根系的生长。而具有缓冲作用的基质就可以通过基质的物理或化学吸收能力将上述这些危害植物生长的物质吸附起来，没有缓冲作用的基质就没有此功能，因此，根系生长环境的稳定性就较差，这就需要种植者密切关注基质中理化性质在种植过程中的变化，特别是选用生理酸碱性盐类搭配合适的营养液配方，使其保持较好的稳定性。具有缓冲作用基质的另一个好处是可以在基质中加入较多的养分，让养分较为平缓地供给植物生长所需，即使加入基质中的养分数量较多也不至于引起烧苗的现象，这就给生产上带来了一定的方便。但具有缓冲作用的基质也有一个弊端，即加入基质中的养分由于被基质所吸附，究竟这些被吸附的养分何时释放出来供植物吸收、释放出来的数量究竟有多少，这些都无从了解，因此，在定量控制植物营养需求时就造成了一定的困难。但总体来说，具有缓冲作用的基质要比无缓冲作用的基质好一些，使用方便，种植过程的管理简单。

透气作用

基质的另一个重要作用是透气。因为植物根系生长过程的呼吸作用需要有充足的氧气供应，因此，保证基质中有充足的氧气供应对于植物的正常生长起着重要作用。如果基质过于紧实、颗粒过细，可能造成基质透气性不良。基质中持水性和透气性之间存在着此消彼长的关系，即基质中水分含量高时，空气含量就低；反之，空气含量高时，水分含量就低。良好的基质必须能较好地协调空气和水分之间的关系，既保证有足够的水分供应，同时也要有充足的空气，这样才能够让植物生长良好。

常见基质的种类

栽培的基质种类繁多，其中包括砾石、沙、珍珠岩、蛭石、岩棉、膨胀陶粒、砻糠灰、泥炭、椰糠、锯木屑、泡沫塑料等。

常见基质的分类

　　从栽培基质的来源分类，可以分为天然基质、人工合成基质两类。如沙、砾石等为天然基质，而岩棉、海绵、膨胀陶粒等则为人工合成基质。

　　从基质的组成来分类，可以分为无机基质和有机基质两类。沙、岩棉、蛭石和珍珠岩等都是由无机物组成的，为无机基质；泥炭、树皮、甘蔗渣、砻糠灰等是由有机残体组成的，为有机基质。

　　从基质使用时组分的不同来分类，可以分为单一基质和复合基质两类。单一基质是指使用的基质是以一种基质作为植物的生长介质，如沙培、砾培、岩棉栽培使用的沙、砾石和岩棉，都属于单一基质。复合基质是指由两种或两种以上的单一基质按一定的比例混合制成的基质，例如，甘蔗渣—沙混合基质是由甘蔗渣和沙按一定的比例混合而成的。目前，无土栽培生产上为了克服单一基质可能造成的容重过小或过大、通气不良或通气过盛等弊端，常将几种单一基质混合制成复合基质来使用。一般在配制复合基质时，用两种或三种单一基质复合为宜，如果使用过多种类的单一基质混合，则配制过程较为复杂。

常见基质

| 砾石 | 沙 | 珍珠岩 | 蛭石 | 岩棉 | 膨胀陶粒 | 砻糠灰 | 泥炭 | 椰糠 |

常用基质的性能

砾石

砾石主要来源于河边石子或石矿场的岩石碎屑。由于其来源不同，化学组成和性质差异很大。一般在无土栽培中应选用非石灰质的砾石，如花岗岩等砾石。

砾石的粒径应为1.6～20毫米，其中直径为13毫米左右的砾石占总体积的一半。砾石应较坚硬，不易破碎。选用的砾石最好为棱角不太锋利的，特别是栽培株型高的植物或将植物种植在露天风大的地方更应选用棱角较钝的砾石，否则会使植物茎部受到划伤。通气排水性良好，但持水能力较差。由于砾石的容重大(1.5～1.8克/厘米^3)，给搬运、清理和消毒等日常管理工作带来不便，使砾石栽培在现代无土栽培中用得越来越少。特别是近20～30年来，一些轻质的人工合成基质如岩棉、膨胀陶粒等的广泛应用，逐渐代替了沙、砾石作为基质。

沙

沙的来源广泛，在河流、大海、湖泊的岸边以及沙漠等地均有大量分布，价格便宜。不同产地、不同来源的沙，其组成成分差异很大，一般含二氧化硅在50%以上，使用时以选用粒径为0.5～3毫米的粗沙为宜。沙的粒径大小应相互配合适当，如太粗，易产生基质中通气过盛，保水能力较低，植株缺水、缺营养液等问题；如太细，则易在沙中浸水，造成植株根系的涝害。较为理想的沙粒粒径的组成：>4.7毫米的沙粒占1%，2.4～4.7毫米的占10%，1.2～2.4毫米的占26%，0.6～1.2毫米的占20%，0.3～0.6毫米的占25%，0.1～0.3毫米的占15%，0.07～0.12毫米的占2%，0.01毫米的占1%。

用作无土栽培的沙应确保不含有毒物质。例如，海滨的沙通常含有较多的氯化钠，在种植前应用大量清水冲洗干净后才可使用。在石灰性地区的沙子往往含有较多的石灰质，使用时应特别注意。用沙作为基质的主要优点在于其来源容易、价格低廉、植物生长良好，但由于沙的容重大，给搬运、消毒和更换等管理工作带来了很大不便。

珍珠岩

珍珠岩是由一种灰色火山岩（铝硅酸盐）加热至1 000℃左右时，岩石颗粒膨胀而形成的。它是一种封闭的轻质团聚体，容重小（0.03 ~ 0.16克/厘米³），孔隙度约为93%，其中空气容积约为53%，持水容积约为40%。pH为7.0 ~ 7.5，主要成分二氧化硅占74%，养分多为植物不能吸收利用的形态。

珍珠岩是一种较易破碎的基质，在使用时主要需注意以下两个问题：一是珍珠岩粉尘污染较大，使用前最好先用水喷湿，以免粉尘纷飞；二是珍珠岩在种植槽与其他基质组成混合基质时，在淋水较多时会浮在表面上，这个问题目前还没有办法解决。

蛭石

蛭石为云母类硅质矿物，它的颗粒由许多平行的片状物组成，片层之间含有少量的水分，当蛭石在1 000℃的高温炉中加热时，片层中的水分变成水蒸气，把片层爆裂开来，形成小的、多孔的海绵状小片。经高温膨胀后的蛭石其体积为原矿物的16倍左右，容重很小（0.09 ~ 0.16克/厘米³），孔隙度大（达95%）。无土栽培用的蛭石都应是经过上述高温膨胀处理过的，否则它的吸水能力将大大降低。

蛭石的pH因产地不同、组成成分不同而稍有差异。一般为中性至微碱性，也有些是碱性的（pH9.0以上）。当其与酸性基质如泥炭等混合使用时不会出现问题。如单独使用，因pH太高，需加入少量酸进行中和后才可使用。

蛭石的吸收能力很强，每立方米蛭石可以吸收水100 ~ 650千克。无土栽培用的蛭石粒径应在3毫米以上，用作育苗的蛭石可稍细些（0.75 ~ 1.0毫米）。但蛭石较容易破碎，使其结构受到破坏，孔隙度减小，因此在运输、种植过程中不能受到重压。蛭石一般使用1 ~ 2次后，其结构就变差了，需重新更换。

岩棉

在荷兰3 500多公顷蔬菜无土栽培中有80%是利用岩棉作为基质。岩棉是一种由60%辉绿石、20%石灰石和20%焦炭混合，然后在1 500 ~ 2 000℃

的高温炉中熔化，将熔融物喷成直径为0.005毫米的细丝，再将其压成容重为80～100千克/米³的片状物，然后在冷却至200℃左右时，加入一种酚醛树脂以减少岩棉丝状体的表面张力，使生产出的岩棉能够较好地吸持水分。因岩棉制造过程是在高温条件下进行的，因此，它是进行过完全消毒的，不含病菌和其他有机物。经压制成型的岩棉块在种植植物的整个生长过程中不会产生形态上的变化。现在世界上使用最广泛的一种岩棉是丹麦Grodenia公司生产的，商品名为格罗丹（Groden）。

膨胀陶粒

膨胀陶粒又称多孔陶粒、轻质陶粒或海氏砾石(Haydite)，它是用陶土在1100℃的陶窑中加热制成的，容重为1.0克/厘米³。膨胀陶粒坚硬，不易破碎。陶粒最早是作为隔热保温材料来使用的，后由于其通透性好而应用于无土栽培中。

膨胀陶粒的化学组成和性质受陶土成分的影响，其pH为4.9～9.0。膨胀陶粒作为基质的通气排水性能良好，而且每个颗粒中间有很多小孔可以持水。常与其他基质混用，单独使用时多用在循环营养液的种植系统中，也有用来种植需要基质透气性较好的花卉，如兰花等。膨胀陶粒在较为长期的连续使用后，颗粒内部及表面吸收的盐分会造成氧气和养分供应上的困难，且难以用水洗涤干净。另外，由于膨胀陶粒的多孔性，长期使用之后有可能造成病菌在颗粒内部积累，而且在清洗和消毒上较为复杂。

砻糠灰

砻糠灰是将稻壳进行炭化之后形成的，也称为炭化稻壳或炭化砻糠。pH为6.5。如果砻糠灰在使用前没有经过水洗，炭化形成的碳酸钾会使其pH升至9.0以上，因此在使用前应用水冲洗。砻糠灰因经过高温炭化，如不受外来污染，则不带病菌。砻糠灰营养含量丰富，价格低廉，通气排水性良好，但孔隙度小，持水能力差，使用时需经常淋水。

泥炭

泥炭是迄今为止被世界各国公认的最好的一种无土栽培基质。特别是工厂化无土栽培育苗中，以泥炭为主体，配合沙、蛭石、珍珠岩等基质，制成含有养分的泥炭钵（小块），或直接放在育苗穴盘中育苗，效果很好。除用于育苗之外，在袋培营养液滴灌中或在槽培滴灌中，常使用泥炭作为基质，植物生长良好。

产自我国北方的泥炭质量较好，这与北方的地理环境和气候条件有关。北方雨水较少，气温较低，植物残体分解速度较慢；相反，南方高温多雨，植物残体分解较快，只在低洼地有少量形成，很少有大面积的泥炭蕴藏。泥炭的容重较小，生产上常与沙、煤渣、蛭石等基质混合使用，以增加容重，改善结构。

椰糠

椰糠是椰子外壳纤维加工过程中的副产品，保水、透气，能够生物降解，经过发酵处理后，降低了其钠、钾、氯等盐分的含量，同时良好的空隙结构，增加土壤的透气性，促进植物根系的生长。需要注意的是，不同产地的椰糠，由于椰子品种、产地环境以及分解度的不同，其理化性状存在很大差异，用于无土栽培也会产生不同的效果。因此，在购买椰糠时，应注意从知名供货商购买，这样不同批次椰糠的理化性状变化不会太大。

复合基质

复合基质是指两种或两种以上的单一基质按一定的比例混合而成的基质。配制复合基质时所用的单一基质以2～3种为宜。制成的复合基质应达到容重适宜，增加了孔隙度，提高了水分和空气含量等要求。在配制的复合基质中可以预先混入一定量的有机肥料。

国内无土栽培生产上常用的复合基质及配比

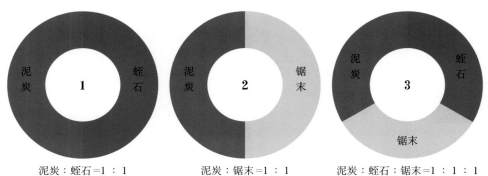

泥炭：蛭石=1：1　　泥炭：锯末=1：1　　泥炭：蛭石：锯末=1：1：1

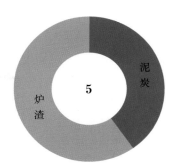

泥炭：蛭石：珍珠岩＝1：1：1 炉渣：泥炭＝6：4

国外无土栽培生产上常用的复合基质及配比

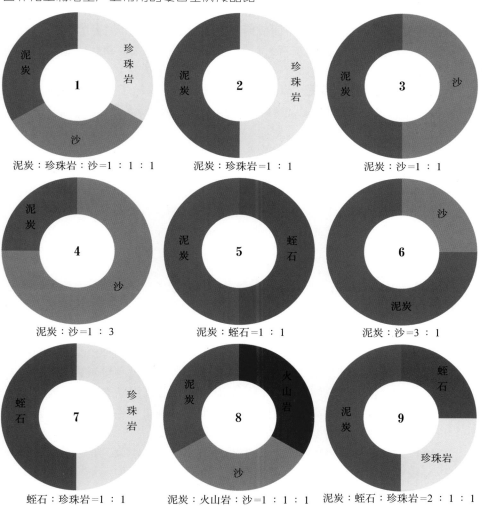

泥炭：珍珠岩：沙＝1：1：1　　泥炭：珍珠岩＝1：1　　泥炭：沙＝1：1

泥炭：沙＝1：3　　泥炭：蛭石＝1：1　　泥炭：沙＝3：1

蛭石：珍珠岩＝1：1　　泥炭：火山岩：沙＝1：1：1　　泥炭：蛭石：珍珠岩＝2：1：1

配制好的复合基质，需要进一步证明其安全性，可用该基质种植植物，从植物生长的外观上来判断基质是否对植物产生危害。如在种植过程中在正常供水情况下植物叶片凋萎，说明该基质中的盐分太高，不能使用。

育苗和盆栽基质，在混合时应加入矿质养分，以下是一些常用的育苗和盆栽复合基质配方。

- **加州大学复合基质**　细沙0.5米^3（粒径0.05～0.5毫米）、粉碎泥炭0.5米^3、硝酸钾145克、硫酸钾145克、白云石或石灰石4.5千克、钙石灰石1.5千克、20%过磷酸钙1.5千克。

- **康奈尔复合基质**　粉碎泥炭0.5米^3、蛭石或珍珠岩0.5米^3、石灰石3千克（最好是白云石）、过磷酸钙（20%五氧化二磷）1.2千克、复合肥（氮、磷、钾含量分别为5%，10%，5%）3千克。

- **中国农业科学院蔬菜花卉研究所无土栽培盆栽基质**　泥炭0.75米^3、蛭石0.13米^3、珍珠岩0.12米^3、石灰石3千克、过磷酸钙（20%五氧化二磷）1千克、复合肥(氮磷钾比例为15：15：15)1.5千克、消毒干鸡粪10千克。

- **泥炭矿物质混合基质**　泥炭0.5米^3、蛭石0.5米^3、硝酸铵700克、过磷酸钙(20%五氧化二磷)700克、磨碎的石灰石或白云石3.5千克。

> **温馨提示**：复合基质中含有泥炭，当植株从育苗钵（盘）中取出时，植株根部的基质就不易散开。当复合基质中没有泥炭或泥炭含量小于50%时，植株根部的基质将易于脱落，因而在移植时，务必小心，以防损伤根系。
>
> 如果用其他基质代替泥炭，则复合基质中就不用添加石灰石，因为石灰石主要是用来降低基质氢离子浓度（提高基质pH）。

基质的更换与再利用

当固体基质使用一段时间后，由于病菌大量累积、长期种植植物后根系分泌物和烂根等的积累以及基质的物理性状变差，特别是以有机残体为主体材料的基质，由于微生物的分解作用使得这些有机残体的纤维断裂，从而造成基质的通气性下降、保水性过高等不利因素的产生而影响植物生长，此时应进行基质的更换。一般基质使用1.5～2年更换。

更换掉的旧基质要妥善处理，以防对环境产生二次污染。难以分解的基质如岩棉、膨胀陶粒等可进行填埋处理，而较易分解的基质如泥炭、甘蔗渣、锯木屑等，可经消毒处理后，配以一定量的新材料后反复使用。

Chapter 4

无土栽培打造清洁舒适的家庭环境

随着我国城市化步伐的加快，现代都市生活的压力随之增加，驱使人们渴望回到宁静、和谐、优美的大自然。终年沉陷在高楼大厦、水泥路面的都市人将目光转向了身边，以家庭园艺为主的无土栽培在现代生活中扮演了重要的角色，让都市人与自然有了亲密接触的机会。追求环保、绿色、天然、低碳，已经成为当今社会的一种时尚，人们在追求物质享受的同时，也需要更高的精神享受。家居布置已不再只注重居室风格，更多人注重环保和绿化，因此家庭园艺受欢迎度日渐提高。

家庭无土栽培容器及选用

容器栽培就是利用容器种植植物的一种生产方式，它与露地栽培的最大区别是容器栽培不受土地的影响，根系在容器中生长。家庭无土栽培所用的容器多种多样，有盆、钵、筐篮、袋等，可以根据所栽种植物种类、大小及家庭实际空间、特点进行选择，生活中淘汰的盆、钵等器具可以废物利用，也是很好的栽培容器。理想的家庭无土栽培容器应具有经济、轻便、搬运方便、耐用、不易破碎、透气、排水性好等特点。

家庭无土栽培容器主要分为三类，分别是盆钵类、箱槽类、袋式容器类容器，下面介绍这三种无土栽培容器各自的优缺点。

盆钵类容器

家庭无土栽培中最常见、最传统的栽培容器就是盆钵类容器。盆钵类容器种类很多，尺寸多样，通常按使用材料来称呼，如泥盆、瓷盆、紫砂盆、塑料盆、木盆等。泥盆也叫素烧盆、瓦盆，是由黏土烧制而成，有红、灰两种，质地粗糙，经济耐用，非常适合阳台种植；瓷盆和紫砂盆色泽好、美观、质地细腻，但透气、排水较差；塑料盆轻便、价格便宜，但通气排水性差，容易老化；木盆装饰效果好，通气性好，但没涂抹防腐剂的部位易发霉腐烂。

盆钵类容器形状以圆形居多，规格多样，花卉种植可根据植物大小选择合适的容器，蔬菜种植和盆栽果树一般应选择直径20厘米以上的盆钵类容器。其中，盆钵类容器又可以分成陶盆、紫砂盆、瓷盆、塑料盆、套盆等，下面分别介绍这些盆钵类容器。

盆钵类容器

陶盆

陶盆又称瓦盆，是用黏土烧制而成的，通常有红色和灰色两种。因各地黏土的质量不同，烧出的陶盆也有差异。陶盆的使用历史悠久，可以追溯到数千年前，使用也最普及，从东方到西方，几乎全世界都爱使用陶盆栽培植物。陶盆价格低、耐用，与其他盆比较透气性好，有利于根系的生长发育。陶盆在部分

陶　盆

国家有统一规格标准，机械化生产。我国陶盆产量特别大，但各地的规格不同，也各有自己的习惯名称。

紫砂盆

紫砂盆又称宜兴盆，也是陶盆的一种，多产于华东地区，以宜兴产的比较著名。紫砂盆的透气性比普通的陶盆稍差，但是造型美观，形式多样，并多有刻花题字，用于盆花栽培，典雅大方，具有典型的东方容器的特点，在国际上较受欢迎。作为一般生产用盆，价格显得太高，一些无底孔的盆可以作为套盆，十分美观。

紫砂盆

瓷盆

瓷盆的透气性和排水性都比较差，对植物根的呼吸不利，不能够用来直接栽种植物。但是其外形美观大方，极适合陈列之用。一般多作为套盆使用，将陶盆种植的植物套入瓷盆以内。

瓷　盆

塑料盆

塑料盆

塑料盆已在国际无土栽培生产中广泛使用，我国无土栽培中也占到了相当大的比例。目前塑料盆的价格在我国虽然仍比陶盆稍高，但随着经济的发展，塑料盆将会逐步取代普通陶盆。由于塑料盆质轻、造型美观、色彩鲜艳且规格齐全，在我国广大的无土栽培生产、经营和消费者中深受欢迎。它适合大规模的生产和运输无土栽培植物。塑料盆的规格一般是以盆口直径的毫米数表示的，如230，即直径230毫米，可以根据需要直接购买各种型号的塑料盆。由于塑料盆透气性较普通陶盆稍差，所使用的盆栽用土应当更疏松且透气性好些。塑料盆的缺点是易老化破碎，不使用时应注意保管，切不可任由阳光暴晒，否则会加速老化。现在市面上有专供种菜的长条形塑料盆，非常适合家庭少量种植蔬菜。

套盆

套盆不是用于直接栽种植物，而是将盆栽植物套装在里面，防止给植物浇水时多余的水弄湿地面或家具，也可把普通陶盆遮挡起来，使盆栽植物更美观。套盆的盆底无孔洞，不漏水，美观大方。目前国内大量使用的套盆是由玻璃钢制成。质量较轻，表面光洁，外面多为白色，里面为黑色，上口向内翻卷，呈圆形。造型美观、庄重、大方。

另外，紫砂盆、瓷盆、不锈钢桶等也可作为套盆使用，这需要根据使用的环境和造价决定。盆托是常用来代替套盆的用具，形状像盘子，多用塑料做成，直径10 ～ 30厘米，多数是与塑料盆配套应用，也可垫陶盆。

箱槽类容器

箱槽类容器一般为长方形，在阳台摆放或悬挂都比较节省空间，特别适合蔬菜种植。箱槽类容器宽度宜为30厘米左右，高度和长度依阳台的大小而定。

箱槽类容器的材料一般源于废弃的包装木箱、塑料箱或聚苯乙烯泡沫箱，也可专门制备家庭栽培蔬菜用的栽培箱（槽），制作材料可用塑料板、木板、竹片等。泡沫聚苯乙烯箱常用于市场上装鱼类、贝类

聚苯乙烯泡沫箱

及蔬菜等，轻便结实，而且隔热和保温性能良好，非常适于容器栽培。

木箱是箱槽类器皿的代表。木箱通常用来栽培各种观赏食用兼顾的蔬菜。箱的体积可大可小，十分灵活，底部钻有排水孔数个，根据需要箱体可固定也可移动。体积大的箱体可同时种植多种叶菜，色彩丰富，观赏性强；也可以种植几株果类蔬菜，但需要注意的是果类蔬菜需要的光照强，仅适于阳光充足的阳台栽培。使用木箱（槽）前应在其里面做防腐处理或铺一层塑料薄膜减少土壤水分的腐蚀。

木 箱

袋式容器

　　内盛栽培基质进行栽培的各种塑料袋称为袋式容器。袋式容器的最大优点是经济、简易、灵活，塑料袋的大小、形状、放置方式可随场地空间而改变，特别适合立体空间利用，进行多层次、多组合的家庭园艺。例如，小型袋式容器可以挂放在阳台的支架、墙面上，也可放在其他容器的间隙，充分利用光能和空间，也适于阳台食用菌种植。

袋式容器

家庭无土栽培的设施类型

小型无土栽培装置的形式多种多样，可以是营养液栽培、喷雾栽培，也可以采用基质栽培；可以是相对较多的植物种植在一个单独的装置中，或一株植物就用一个单独的装置。根据种植者自身的需要、建造无土栽培设施的材料来源来确定植物种类。现在给大家列举一下目前较常用的小型无土栽培装置及其结构。

营养液自体循环的小型深流水培装置

这一装置几乎包括了规模化生产中的全部设备和功能，可以种植生产上能够种植的所有植物，而且单位面积和实际生产的差别不大，管理技术的要求也是一样的，因此又称其为标准型深液流培装置。该装置占地面积较大、产量高，非常适合地方较宽敞的家庭使用。

这种装置由盛装营养液的种植槽、悬挂植株的定植板和种植植物的定植杯、营养液的循环流动系统组成。

● 种植槽　可用塑料板制成可移动式种植槽，也可以用水泥砖砌成永久式。种植槽的长、宽规格可根据需要调节，深度在15～25厘米为宜。

● 定植板　定植板用聚苯乙烯泡沫塑料板制成，长度与种植槽的边框规格一致，也可做成与种植槽一体。板中根据种植植物对株行距的要求钻出可放定植杯的定植孔，其直径与定植杯口径一致。

● 定植杯　可以直接购买，也可以用废旧塑料杯自制。在废旧塑料杯的中下部用烧红的铁丝（直径4毫米左右）穿出许多小孔即可。

营养液自体循环的小型深流水培装置

• 营养液自体循环流动系统　包括小水泵、储液槽、营养液喷射管等。盛装在储液槽的营养液用小水泵直接从槽中抽高，进入种植槽，然后流回储液槽内。

静水简易无土栽培

　　静水简易无土栽培是最简单的一种无土栽培方式，一般指营养液不流动，靠栽培植物的根深入营养液中或靠基质的吸附作用使植物获得矿质营养和水分。静水简易无土栽培有很多种形式，可以根据实际条件制作适宜的装置。

　　这种装置的主要特点是营养液层较深，营养液量较多，不需要经常补充营养液，可维持7～10天植物生长的需要。它主要是通过选择一些能较好地适应水培生长的植物，或者根据植株的大小合理地控制种植箱中的水位来达到较理想的种植效果。因为静水存在氧气供应不足的问题，可以加装小型空气泵，以补充水中氧气。

静水简易无土栽培

　　可选用塑料、陶瓷、玻璃等耐腐蚀的制品作为盛装营养液的容器。如果使用陶瓷制品，则需要内部上釉的瓷器；如果使用玻璃或者白色塑料的容器，要在容器外部涂上油漆使之不透光，应先涂一层黑色的油漆，等干了后再涂一层白色的油漆，以反射太阳光，防止容器及其中的营养液过热。

柱式无土栽培

　　柱式无土栽培属于多层栽培，可以水培，也可以基质栽培。装置中间是立柱，其中可通营养液，围绕立柱有很多栽培孔，可以种植叶菜、草莓、草花等植物。柱式无土栽培占地小，种植量大，非常适合家庭园艺。

　　目前已研制出梯架式、立柱式、壁挂式等多种类型的装置。梯架式和壁挂式装置由栽培管道、营养液箱、输液管和支架等部分组成，适合种植叶类蔬菜；立柱式装置可以种植多种叶类蔬菜和草莓等矮茎植物，高度可随室内空间来调整，每套装置可以种植60～84棵蔬菜，具有节省空间、操作简便、产品安全、品种多样等特点。

梯架式无土栽培

小型立柱式无土栽培

壁挂式无土栽培

管道式无土栽培

　　管道式无土栽培属于多层栽培，一般为水培。高低不同的几层管道连接在一起，中通营养液，管道上有孔，可以种植叶菜、草莓等植物。

管道式无土栽培设施

现在市场上称为蔬菜机的无土栽培设备就是一种简易管道式无土栽培装置,它是由粗细不同的PVC(聚氯乙烯)管连接而成。出管口有集液盆,内有小型电机,通电后可将营养液输送到最上面的进管口,形成一个循环,可以保证横管孔上的植物营养供应。

阳台无土栽培

与传统土壤栽培相比,无土栽培具有产量高、品质好、安全无污染、无杂草、清洁卫生、栽培场所不受限制等优势,是阳台园艺理想的栽培方式,是未来城市家庭园艺的发展方向。阳台无土栽培是一种新兴的植物种植形式,是利用都市楼房的阳台空间种植植物,为了在狭小的环境中充分利用空间,以及保持家庭的整洁卫生,结合了立体种植和无土栽培技术的一类种植技术。不仅可以使阳台得到绿化,更可以使家庭吃上自己种的放心菜,观赏、实用两不误。这种新兴的阳台无土栽培技术正被广大都市市民口口相传,受到了很多家庭的青睐。

阳台无土栽培实例

栽培容器

盆类

　　普通花盆是最简单的种植容器，国内的绝大多数家庭都用它进行阳台无土栽培，市场上也有专门供阳台、露台等场所应用的种植器。这些种植器多数是塑料或者尼龙塑料纤维制品，尺寸、颜色和形状各异，既轻便又实用，多用于种植观赏植物。

盆栽花卉 盆栽辣椒

栽培槽

　　在阳台或窗台上种植蔬菜时，可以买专用塑料栽培槽。使用栽培槽时，应根据阳台允许承载能力来决定栽培方式。多用于种植叶菜类、果菜类、根菜类、茎菜类蔬菜。

栽培槽种植蔬菜

箱类

家庭种菜可以使用旧的木质包装箱、硬塑料包装箱、泡沫箱，或者自己用旧木板制成简易木箱。木箱里应做好防腐处理，还需要有排水孔。多用于种植叶菜类、果菜类、根菜类、茎菜类蔬菜及花卉。

木制栽培箱

废物利用类

日常用的大饮料瓶、废旧泡沫箱、塑料箱等，只要有一定强度、保水性能的箱、罐、瓶都可作为容器栽培植物，再结合自己的一些创意，就会成为很好的生活点缀。

泡沫栽培箱

家庭阳台栽培植物种类的选择

阳台是蔬菜及花卉无土栽培选择最多的地方。阳台栽培品种的选择，不但要根据个人爱好和需求而定，更要考虑自家阳台的条件。阳台空间的大小及阳台所能提供的环境条件都是选择栽培品种的影响因素。

阳台的环境条件包括阳台封闭情况和阳台朝向。根据阳台封闭情况可分为敞开型阳台、屋上式阳台、全封闭型阳台、半封闭型阳台，其决定了阳台可以提供的温度条件。半封闭或敞开型阳台冬季温度较低，一般不宜在冬天栽种蔬菜或花卉，夏天温度高，光照强，进行无土栽培时应注意温度及光照的影响；

全封闭型阳台温度变化小，可选择的蔬菜或花卉种类范围较大。

相较于阳台封闭情况，阳台朝向更为重要。一般在温度允许的条件下，根据阳台朝向选择栽培品种。

朝南阳台

光照比较充足，是最理想的种植场所。

喜阳性花卉适合在朝南阳台栽培，常见的花卉有牵牛花、茑萝、凤仙花、矮秋葵、香豌豆、旱金莲、石榴、月季、郁金香、金鱼草、金银花、彩叶草、一串红、石竹等。

石榴（喜阳性花卉）

月季（喜阳性花卉）

彩叶草（喜阳性花卉）

阳光过强或光照时间较长时，可选择耐旱、喜光的仙人掌或多肉植物。

帝王丸（仙人掌植物）   螺旋般若（仙人掌植物）

东云（多肉植物）

红相府（多肉植物）

大多数蔬菜在全日照条件下生长最好，因此均可在朝南阳台栽培，常见的蔬菜有黄瓜、番茄、韭菜、莴苣、青椒、菜豆、金针菜、西葫芦等。北方楼房冬天有暖气供应，温度较高，可以为冬天蔬菜的生长提供良好的环境；南方可在阳台上增设简易保温装置，防止低温对植物的伤害。

鲜丹黄瓜（适合朝南阳台种植）

金皮西葫芦（适合朝南阳台种植）

朝东、朝西阳台

半日照阳台。如果阳台朝东，只有上午光线较强，可养一些怕光植物，如发财树、棕竹、巴西木等，也可养一些蔓生植物，如常春藤、茑蔓等，这样能够起到挡阳光的作用。面朝西的阳台，下午阳光较好，而夏季光照时间长，温度较高，可种牵牛花、金银花、爬墙虎、紫藤等藤本植物，搭个棚架攀附，或引附在墙上，可成一道绿色垂帘，既可挡光，又使室内光线柔和，还能观赏美丽的花朵，可谓一举两得。除此之外，半日照阳台也可种植喜光耐阴的蔬菜，常见的有洋葱、油麦菜、丝瓜、香菜（芫荽）、萝卜、小油菜等。但朝西阳台夏季温度较高，容易使某些蔬菜发生日灼，因此，最好在阳台的角落栽培蔓性耐高温的蔬菜。

夏胜丝瓜（适合朝东、朝西阳台种植）

油麦菜（适合朝东、朝西阳台种植）

朝北阳台

全天几乎没有日照，宜栽培有鲜艳绿色的阴性植物。常见的花卉有铁线蕨、四季海棠、文竹、龟背竹、橡皮树、洋常春藤、天门冬、绿萝、玉簪、吊兰、万年青等；常见的耐阴蔬菜有莴苣、韭菜、芦笋、蕹菜等。

龟背竹（适合朝北阳台种植）

蕹菜（适合朝北阳台种植）

除考虑阳台环境条件外，还可根据栽培品种的特点选择种植类型。

周期短的速生蔬菜：小油菜、青蒜、芽苗菜、芥菜、油麦菜；收获期长的蔬菜：番茄、辣椒、韭菜、香菜（芫荽）、葱等；节省空间的蔬菜：胡萝卜、萝卜、莴苣、葱、姜、香菜（芫荽）；易于栽种的蔬菜：苦瓜、胡萝卜、姜、葱、生菜（叶用莴苣）、小白菜；不易生虫子的蔬菜：葱、韭菜、甘薯叶、人参草、芦荟等。

芥菜（周期短的速生蔬菜）

姜（节省空间且易于栽植的蔬菜）

生菜（叶用莴苣）（易于栽植的蔬菜）

甘薯（不易生虫子的蔬菜）

注意事项

阳台外形的改变

阳台外形的改变会影响建筑物的外形和景观，有很多小区物业不允许住户进行阳台的改造，因此在改造阳台前需与物业沟通，避免引起不必要的麻烦。

安全问题

在阳台上进行栽培，不仅要注意自己的安全，还要注意他人安全。容器一般都应该放在阳台内侧，或者放在专门的栽培槽内，防止容器被大风刮下或者碰伤人。在阳台放置较大的容器或栽培槽时，应考虑阳台的承重力问题。外延的栽培槽或支架不应伸出过长，较大的容器或者栽培槽尽可能靠近承重墙摆放。

社会问题

在给蔬菜浇水或者施肥时，不要让肥水漏淋到楼下人家的阳台、窗户甚至室内。放在阳台边缘或者窗台外侧的容器，浇水时应先搬到阳台或者室内，等容器不漏水时再放回原处。应及时处理阳台栽培品种的残叶，不要随便放在阳台上。

客厅无土栽培

客厅的茶几和角落或者落地窗旁边，均可以用无土栽培技术种植一些花卉、蔬菜，既有娱乐性又有一定的观赏和实用价值。

一般家庭客厅面积较小，阳光不会太充足，以种植耐阴植物为主。大型植物应在角落使用，但种类不宜太高大，否则会使客厅显得拥挤。客厅中央或茶几可以选用小型植物，除供观赏外还可以起到装饰客厅的作用。

栽培容器

盆类

目前应用最多的是泥盆和塑料盆。泥盆由黏土烧制而成，有红色、灰色两种，多为圆形，质地比较粗糙，但是价格便宜，比较耐用；塑料盆轻便、干净、价格便宜，尺寸多样，有方、圆等形状，制作精细但是在强光照射下容易老化，适宜在室内种植。

筐类

一般选用包装过后的旧筐来种植植物。由于筐类的孔太多，应在里面垫上塑料薄膜，防止水分散发过快，但需要注意的是筐底部的塑料薄膜要有若干个排水孔以便排水。筐的重量比较轻，可以用于悬空立体栽培，增加美感。

竹筐（筐类容器）

盘类

家庭可用塑料育苗盘，也可以用木板或竹板制作。一般较浅、底部多孔的塑料盘专门用于生产芽菜。

育苗托盘

瓶类

瓶栽植物即用透明的玻璃瓶、塑料容器、金鱼缸、水族箱等容器栽植矮小的植物以供观赏，装饰室内。采用瓶类进行种植一般可废物利用，如无色窄口大肚酒瓶、高脚玻璃杯、糖果瓶、蒸馏水瓶、药瓶、烧杯等均可使用，也可加工制作各种形状的玻璃箱、玻璃罩等用于栽培。

玻璃罩（瓶类容器）

栽培植物种类的选择

一般客厅阳光都不会太充足，以种植耐阴的植物为好。蔬菜类如菠菜、芹菜、荠菜、生菜（叶用莴苣）、芽苗菜等；花卉类如龟背竹、茉莉花、玉簪、绿萝等。

芹菜（适合客厅种植）

生菜（叶用莴苣）（适合客厅种植）

茉莉花（适合客厅种植）

露 台 无 土 栽 培

　　一般是指住宅中的屋顶平台或由于建筑结构要求或改善室内外空间组合而在其他楼层中做出的大阳台，由于它面积一般较大，上边又没有屋顶，所以称作露台。露台提供了人与自然亲密接触的机会，具有光线足、通风佳等特点。露台一般阳光都很充足。我们可以应用无土栽培技术建造露台花园或露台菜园。

露台无土栽培

栽培容器

盆类

盆栽是最常见的一种种植形式。可以用种植盆对露台进行适当布置，便于观赏。在露台种植时，不应选择塑料种植盆，可以选择泥瓦盆。泥瓦盆可分为红盆和黑盆两种，有多种规格。

栽培槽

可自制栽培槽，也可使用专用栽培槽。专用栽培槽即用聚氯乙烯或聚丙乙烯等塑料为原料，专门设计制造的适合家庭无土栽培用的种植器具，其大小和形状各异，直接用水壶浇灌清水或营养液，不需水泵、管道等设备。

栽培箱

指聚苯乙烯泡沫塑料箱，使用前，泡沫箱的内壁基部要打几个孔，防止箱中积水沤根。

栽培袋

栽培袋一般是由抗紫外线的聚乙烯薄膜制成，至少可使用2年。分为筒式袋和枕头式袋。通常用作袋培的塑料薄膜为直径30～35厘米的筒膜。筒式袋培是将筒膜剪成35厘米长，用塑料薄膜封口机或电熨斗将筒膜一端封严后，将基质装入袋中，直立放置，即成为一个筒式袋。枕头式袋培是将筒膜剪成70厘米长，用塑料薄膜封口机或电熨斗封严筒膜的一端，装入20～30升基质，再封严另一端即可。

种植池型露台无土栽培

种植池

种植池一般建造于屋顶上。种植池的建造要建立在承重、防水和排水结构都有保障的基础上。种植池的大小、深浅应视不同植物种类、规格等要求的种植基质深度等具体情况而定。此外，种植池建设应考虑露台的承重能力，不能随意安置。

自然式种植型

自然式种植型

自然式种植即在露台根据设计方案直接利用栽培基质堆筑微地形，再在上面种植不同的植物。它可以营造大面积的绿地，同时通过利用微地形变化，丰富景观层次。

栽培植物种类的选择

蔬菜种类的选择

选择蔬菜种类时应考虑以下几个方面：

● 根据所在地区的环境条件选择合适的蔬菜种类进行栽培。南方的露台一般一年四季可种菜，可根据季节来选择，布局上可以根据植株的高矮、颜色进行搭配。北方的露台，冬天因为天气冷，只能在春、夏、秋应用，主要种植季节是夏季。

● 根据露台面积的大小、灌溉等条件，选择易成活、易采收的种类和品种。一般来说，根、茎、叶菜类比较容易栽培。

● 可根据自己的喜好选择所需的种类和品种。除一般的蔬菜种类外，还可以根据自己的喜好选择苦瓜、香菜（芫荽）等具有特殊风味的蔬菜。

● 选择抗病虫害和适应性较强的种类和品种。如葱、蒜、韭菜等病虫害较少，适应性较强。

● 选择能多次收获、供应期较长的种类和品种，或生长期短、可多次种植的速生蔬菜。如豌豆苗可连续播种，连续收获；番茄、辣椒结果期长，可多次采摘等。

● 选择食用和观赏兼用的蔬菜种类和品种。如金针菜、辣椒、扁豆、老鼠瓜等。

老鼠瓜

韭菜（抗病虫害能力较强蔬菜）

番茄（可多次采摘蔬菜）

花卉种类的选择

在露台上种植花卉，应考虑以下几个方面：
- 应具有生长势强、抗极端气候能力强的特点。
- 应具有植株低矮、根系浅的特点。
- 选用夏季耐炎热、高光和冬季耐寒冷的植株。
- 选择耐粗放管理、耐修剪、生长相对缓慢的植物。
- 选择抗污染、抗病虫害能力强的植物。

根据上述所描述的特点，观赏植物种类主要有：
- **草本花卉**　如风信子、郁金香、金盏菊、石竹、一串红、新几内亚凤仙、鸡冠花、大丽花、金鱼草、含羞草、紫茉莉、美人蕉、萱草、鸢尾、芍药等。

新几内亚凤仙（草本花卉）

含羞草（草本花卉）

- 草坪与地被植物　常用的有虎耳草、天鹅绒草等。

虎耳草（草坪与地被植物）

- 灌木和小乔木　如小檗、南天竹、月季、玫瑰、山茶、桂花、牡丹、金钟花、栀子花、金丝桃、八仙花、迎春花、棣棠、六月雪等。

南天竹（灌木与小乔木）　　山茶（灌木与小乔木）

桂花（灌木与小乔木）

牡丹（灌木与小乔木）

栀子花（灌木与小乔木）

八仙花（灌木与小乔木）

棣棠（灌木与小乔木）

六月雪（灌木与小乔木）

● 藤本植株　如牵牛花、紫藤、木香、凌霄、常绿油麻藤、常春藤等。

常春藤（藤本植物）

注意事项

安全问题

- **露台结构安全问题** 在露台进行无土栽培，必须考虑露台的承重问题。在具体设计中，除了考虑屋面静荷载重外，还要考虑非固定设施、外加自然力的因素，这些都会增加原来露台的承重。建议将重的东西尽量靠在下面有梁和墙的地方。

其中屋顶承重问题较专业，可以找专业人士帮助。如果只是松散的摆放一些较轻的东西一般没问题。

- **人和容器的安全问题** 在露台栽培尤其是在屋顶栽培，四周一定要安装护栏，既可以保护容器不被大风刮下，又可以保护人的安全。

在风大的地区，必须对挡土墙加固。预防容器和基质被风刮走，这样的地区尽量不要用轻基质。在种植相对较高的植物时，要将容器固定在护栏上，防止被风刮倒。

- **注意防雷** 楼房屋顶有防雷设施，注意不要将其损坏，在封闭露台时注意不要把避雷设施封闭在里面。雷雨天不要在屋顶作业。

浇水问题

露台一般阳光比较充足，蒸发量大，基质失水快，要经常浇水才能满足植株生长发育的需要。一般可以把水用塑料管直接引到屋顶，并装上阀门，少量容器栽培的也可用桶提水浇。有条件的话可以设置储水池或放上装满水的大缸、大桶，随时使用。

卫生问题

在露台栽培时要注意环境卫生问题。及时清理被风刮出来和被雨水冲出来的基质，另外要注意对植株进行适当的修剪并及时清理一些废弃物品等。

Chapter 5

无土栽培塑造不再沉闷的办公场所

办公桌无土栽培

面对高压力，在办公场所栽培一些绿色植物对人们的身心健康有一定的好处，既可以缓解工作压力，增加工作乐趣，又能改善办公场所的环境小气候，以利于工作效率的提高。

栽培类型

水培

办公桌水培容器一般为小型的瓷盆、玻璃或塑料瓶。瓷盆质地坚硬，色彩多样，购买或加工自制，器具、花卉与办公环境达到统一与和谐，以达到较理想的观赏效果。玻璃或塑料瓶一般为透明的，水培植物可以放在定植篮里，使其根系自然生长到营养液里，同时可以放置少许不同颜色的沙砾于瓶底部，以增加其美观性。

玻璃瓶水培植物

基质栽培

办公桌无土栽培容器有瓦盆、瓷盆、塑料盆、玻璃瓶、木盆、紫砂盆等。若办公室的风格为自然型，可以选择瓦盆或陶盆；若办公室的风格为书香型，可以选择木盆和紫砂盆。不过随着现代新型材料的不断发展，栽培容器的类型也呈现多样性。

瓷盆基质栽培　　　　　　　　　　塑料盆基质栽培

栽培技术

办公桌水培植物种类

水培植物种类主要有发财树、栀子花、富贵竹、蝴蝶兰、九里香、观音竹、文竹等。除以上种类，还可以自己发掘，比如萝卜、芋头等。

发财树（适合水培的观赏植物）

富贵竹（适合水培的观赏植物）

九里香（适合水培的观赏植物）

办公桌水培植物栽培技术

办公桌水培植物在有条件的情况下可以选择一些名贵的植物，增加办公室的高贵气息。一般在市场上买到的植物大多为基质栽培或土壤栽培，进行水培前应先脱土洗根，操作过程为从土壤中挖出或从花盆中轻轻倒出植株，用手轻轻抖动，慢慢拍打，使根部土壤脱落并露出全部根系，然后在清水中浸泡20分钟左右，再用手轻轻柔洗根部，经过2～3次换水清洗，直至根部完全清洁、洗根的水清亮透明且不含泥沙时再进行水培。

可选用合适的种子进行催芽，发芽后直接水培，在苗期即可塑造水培植物的造型。应去正规种子销售单位购买有包装、标签、说明书的种子。买回来的种子要妥善保管，可以和干燥剂放在一起置于4℃冰箱内冷藏。催芽前要进行种子消毒及浸种，然后放在适宜的湿度和温度环境中催芽。发芽的小苗直接播放在定植篮里，进行水培。

办公桌基质栽培植物种类

办公桌基质栽培植物种类较多，如观叶类的吊兰、发财树、多肉植物等。

吊兰（适合基质栽培的观赏植物）

菲奥娜（适合基质栽培的多肉植物）

落地生根（适合基质栽培的多肉植物）

办公桌基质栽培植物栽培技术

办公桌基质栽培植物可以在市场上购买喜欢的植物，然后移栽到已经选好的花盆中。和水培相比，基质栽培不用洗根，比较方便。

当然，也可以亲自动手，选用种子进行育苗，买到种子后要认真阅读说明书，再进行播种。播种可以采用两种形式，一种是先催芽，再挑选长势好的小苗进行播种，直接种到选定的容器中；另一种是直接把种子播种到基质里，等出苗后再移植到选定的容器中。

播种前要注意播种时期的选择，播种后要注意温度、湿度、光照的控制，再根据苗的长势进行办公桌基质栽培。在进行移苗的时候不要伤到根部，栽植深度要适宜，移后要浇水。在移植的时候要把植物根部稍微分开，有利于根系的生长。

养护管理及病虫害防治

水培植物的养护管理及病虫害防治

- **温度** 办公室的温度基本能够满足植物的生长需求，不需要采用特定措施。
- **光照** 办公室的光照一般以自然散射光为主，要考虑阳生或阴生植物对光照的需求。
- **湿度** 根据办公室的空气湿度而采取相应的措施。如果室内空气湿度过小，可以用清水喷洒叶面来保持湿度；如果室内空气湿度过大，应及时开窗通风。
- **更换营养液** 办公桌水培植物一般为静水栽培，需要定期更换营养液，保证水中的供氧量。如果长时间不更换营养液，会影响植物的生长，严重时会造成植物死亡。
- **注意事项** 营养液在光照下容易滋生绿藻，既影响办公室的美观，又影响植物的生长发育，因此要勤换营养液，减轻绿藻的产生；水培植物的根系要有一部分裸露在空气中，以增强根系的透气性。避免根系完全浸泡在营养液中缺氧腐烂。
- **病虫害防治** 水培植物虽然在一定程度上减少了土壤病虫害的危害，

但在除土洗根后有些植物同样会携带真菌、病毒、虫卵等，同时空气中也存在着真菌、细菌、病毒等，都可能对水培植物造成一定的伤害。

对水培植物病虫害的发生应以预防为主，植物生长的温度、营养液浓度的调整都应引起足够的重视。有些植物在静水栽培条件下因根系缺氧，易造成根腐病，因此营养液要及时更换，避免非侵染性病害的发生。

基质栽培植物的养护管理及病虫害防治

● **基质栽培植物的养护管理**　办公桌基质栽培植物对温度、光照、水分的要求和水培相比没有太大区别，其中基质给水方面应结合办公室的湿度及时调整浇水量和浇水次数，同时要多次疏松基质，增加基质的供氧量。同样应调节好阳生或阴生植物的光照需求。

● **病虫害防治**　基质如果经过消毒，土传病害发生的可能性较小。但实际上从市场上买到的基质，多数未经过消毒或者已被污染，容易导致基质中存在地下害虫卵或土传病害病菌。因此，办公桌基质栽培病虫害发生有一定的可能性，防治方法主要从源头抓起，对基质要严格把关，进行必要的消毒处理。

此外有些病原菌还可能来源于种子，如花叶病。因此，在选种的时候要选购一些质量好的种子，并做好种子的消毒处理，进行温汤浸种（选用的种子在55℃左右的水中浸泡0.5小时）。

会议室无土栽培

会议室无土栽培结合了家庭及办公室无土栽培的特点，其栽培类型及栽培植物的种类有很多种。一般会议室无土栽培为基质栽培，而且栽培的植物品种比较多样，有观叶类和现花类。会议室放置无土栽培植物存在一定的可变性，无土栽培植物的存在与会议召开的时间有关，不一定无土栽培植物一直存在于会议室内，因此会议室无土栽培类型存在着可变性及不定性。在实际应用中可以灵活把握，把无土栽培这一技术使用到恰到好处。

栽培类型

会议室无土栽培与办公桌无土栽培相比主要采用基质栽培，且栽培植物类型一般较大，能够烘托会议气氛；会议室里的植物可以调节温度、湿度、净化空气。针对一些较大的会议室，室内无土栽培植物的布局显得尤为重要，同时这是一项富有创造性及想象力的工作，比如单调的墙角一般布置哪种植物才能显得生机盎然。

基质的选择

适用性

基质的适用性是选用基质的基本标准，比如基质的透气性及酸碱度，同时更要考虑栽培植物的类型及地方水质问题。

经济和环保性

有些基质虽然适合植物生长，但其来源困难、运输不便且价格较高，因此可以选择一些价格稍低的基质，比如农作物秸秆、稻壳等。总之，尽量选择廉价优质、来源方便、经济效益高的基质，从而降低栽培的成本，减少投入。

会议室无土栽培的初衷是净化空气，调节和装饰会议室，栽培基质的选择要注意环保性。比如选择的基质不能有异味，特别是有机基质，要检测相关生理毒素及盐分的含量。此外，从可再生角度讲，泥炭虽然是目前应用最广泛的一种栽培基质，但其短期内不可再生，因此不能没有限制的开采，应尽量减少泥炭的使用并寻找合适的代替品。

容器的选择

会议室无土栽培容器的选择要依据会议室空间的大小，选择适宜的花盆。会议室花盆的选择和配置得宜，才能衬托出会议氛围。首先要根据栽培植物的大小、根系等选择合适的容器，其次要选择易于透气且美观的容器，既有好的装饰效果，管理也比较方便。

栽培容器的选择还应与植物的形态、色彩相协调，同时色彩以简洁朴素为好，以免喧宾夺主，影响栽培植物的美观。比如颜色较深的植物则需要种在乳白色等颜色淡雅的花盆中，而颜色较浅的植物可以种在颜色较深的花盆中，衬托其色彩。

会议室无土基质栽培容器常见形状有圆形、方形、长方形、多角形等。容器按照质地材料可以分为：釉盆、紫砂盆、塑料盆等。

圆形栽培容器

方形栽培容器

长方形栽培容器

多角形栽培容器

植物的布置方式

　　会议室无土栽培植物的布置最重要的是合理利用空间，要根据空间的实际构造、功能、大小及办公桌的摆放位置来布置植物。从总体来说，室内植物的体量应与周围空间大小相适宜，小型会议室不宜放置高大的植物，大型会议室则应该放置较高大的植物，而且这些植物要求陈设时尽量利用室内周边空间及会议桌的构造，以衬托出洁净、赏心悦目的环境气氛。

　　一般中、小型会议室的会议桌排列在室内的正中，会议桌一般呈长椭圆形，桌子中间一般可放置植物。可选择苏铁、南洋杉等植物，呈对称放置，高度以稍高于桌面，但不遮挡参会者视线为宜，中间也可以放置一些小型花卉，桌面上可以布置观叶类植物，等距排列或错落有致。

大型会议室或者会议礼堂一般将主席台和会议席分开，无土栽培植物重点要点缀主席台。主席台前应当布置得花团锦簇，并以绿色植物作为背景，来渲染会议气氛。主席台发言席一般以插花为主，且以盆式为主，花瓶不宜过高，以免妨碍讲话及视线。

苏铁（适合用于会议桌摆放）

养护管理及注意事项

　　会议室无土栽培植物一般放在特定的育苗室，开会时摆放出来。因此在平时的栽培管理上要下工夫，才能做到未雨绸缪。由于花盆中盛装的基质较少，对水肥的调控能力小，因此要加强对水肥的管理，合理浇水，定期灌施营养液。其中无土栽培植物浇水宜很讲究，不能太干也不能过于潮湿，避免因积水导致植物烂根。要根据植物的需光性有针对性地整形和修剪植物，便于为会议提供美观的植株造型，还可以通过修剪调整花木的生长状况，促进生长，使株型美观，提高植物的观赏性。

楼层空闲地无土栽培

楼层空闲地无土栽培多体现在楼梯上下处及拐角处，在这些地方布置有观赏性的植物可以给人们带来意外的惊喜和强烈的韵律感。楼层空闲地无土栽培多采用基质栽培，且这些地方光照不足，因此布置耐阴植物居多。

容器和基质的选择

选择楼层空闲地无土栽培容器时尽可能选用塑料或木制的种植盆，可以选择复合基质，栽培盆里基质的量要恰当，不能太多，以减轻屋顶的荷载。基质一般为无机基质加上一定比例的有机腐殖质，其中木屑腐殖质应用较多，且比较经济。

栽培植物种类的选择

楼梯转角的地方可以靠角摆放一些形体比较优美的植物，如棕竹、橡皮树、棕榈等。

棕竹（适合用于楼梯处摆放）

植物的布置方式

楼梯看上去空间比较小，但同样可以放置一些观赏性植物，给上下楼梯的人们带来一些情趣。无土栽培植物可以放在楼梯转角处，使人们不会感到那么生硬。

楼层空闲屋顶无土栽培

随着现代社会建筑物的不断扩增，在楼层空闲地进行绿化以改善人们的生活环境显得尤为重要。目前存在的形式有屋顶种草，可以调节屋顶的小气候，使得屋顶夏天气温不是很高，为室内营造比较舒适的生活环境。

楼层空闲屋顶无土栽培的布置

对于一般家庭，主要是指顶层的闲置屋顶可以进行无土栽培，一般用盆花或者盆景装饰。屋顶还可以进行果树和蔬菜的种植，比如草莓、番茄等，一方面可以陶冶性情，另一方面还可以收获果实，增加生活趣味。

草莓（适合用于楼层空闲屋顶温室种植）

对于有较大面积的空闲屋顶家庭或者单位可以建造大型的花园屋顶。无土栽培类型一般有花盆型、温室型。花盆型即在屋顶放置盆栽植物，再用不同植物进行适当的布置，可以形成一个小花园。进行布置的时候要注意花盆的色彩与植株的形态，一般高大的植株不可放在屋顶边缘。如果有条件的话还可以使用花架，以便摆放更多的盆花，进而营造一种层次感，更便于欣赏。温室型即在屋顶建造小型玻璃日光温室，在里面进行无土栽培。日光温室的建造具有多样性，比如可以造成棚架型，里面种植一些藤蔓植物，如扁豆、丝瓜等，这些植物下面还可以放置喜阴植物，给人以美的享受，同时更大地利用了空间。温室种植的好处是改变果蔬的收获期，在温度较低的情况下仍可以采收果实，获得新鲜、清洁的蔬菜。

楼层空闲屋顶无土栽培植物的选择

屋顶盆栽植物可以考虑选择植株矮小的植物，以防屋顶风力较大易吹倒植物，如草本类的金盏菊、金鱼草、芍药等；灌木类的紫薇、南天竹、金钟花等；藤本类的常春藤、金银花、蔓蔷薇等；屋顶温室内可以种植一些果蔬，如草莓、丝瓜、番茄、扁豆。

丝瓜（适合用于楼层空闲屋顶温室种植）

Chapter 6
几种蔬菜的室内无土栽培

室内空间的选择及利用

光线好的空间

向阳的窗台或光线好的空间，理论上可以种植各种类型的蔬菜，但是考虑到室内采光条件不同，应选择相应的蔬菜品种。

其他空间

在不向阳的空间或室内光照较差的空间，可以栽培对光线要求不严格的蔬菜，主要是芽苗菜类，如豌豆苗、萝卜苗、香椿苗等。

室内栽培植物种类的选择

室内栽培蔬菜各方面的情况较多，需经综合考虑，选择合适的品种进行栽培。一般叶菜和芽苗菜生长周期短，占用空间小，种植较易获得成功，其品种选择不一定特别严格。而对于较长季节的果菜，如番茄、茄子、辣椒、南瓜等，则可考虑其观赏性和食用性相结合，选择合适的品种。如番茄选用樱桃番茄或矮化番茄；辣椒可选择五彩椒等小果型辣椒品种；茄子可选太空鸡蛋茄等紧凑型茄子品种；南瓜可选种顽皮小孩等盆栽品种。

五彩椒

盆栽太空鸡蛋茄

盆栽南瓜顽皮小孩

室内蔬菜的水培及管理

水培部分以浮板水培和管道水培两种家庭最常见、最易上手的水培方式为例进行介绍。叶菜类，如生菜（叶用莴苣）、甜菜、小白菜、芹菜、紫背天葵、罗勒等；果菜类，如樱桃番茄（或矮化番茄品种）、迷你黄瓜、茄子、辣椒等，都可选用这两种水培模式。浮板水培选用生菜（叶用莴苣）为栽培对象、管道水培选用番茄为栽培对象分别介绍其栽培方法。

生菜（叶用莴苣）浮板水培（叶菜类蔬菜可参考这一部分）

目前，生菜（叶用莴苣）水培技术是一种非常成熟的技术，相较于其他蔬菜的水培，更容易上手。在露台和庭院采用浮板水培进行无土栽培观赏效果极佳，如果是在阳台等面积有限的空间进行无土栽培，推荐采用管道水培或者小型塑料水培槽。不管采用哪种方式，其育苗方法都是相同的。

育苗

● **选种**　选用半结球或散叶生菜（叶用莴苣）种子，如法国奶油生菜、美国大速生生菜、玻璃生菜、翡翠生菜、紫叶生菜、意大利生菜等。

● **浸种催芽**　将生菜籽冷水浸泡4～6小时，然后将种子搓洗捞出，用透气性好的湿纱布包好置于15～18℃环境中保湿催芽，没有恒温的环境，一般放在冰箱冷藏室保湿，放置24小时后再放在阴凉处继续保湿催芽，直至种子开口露白为好。

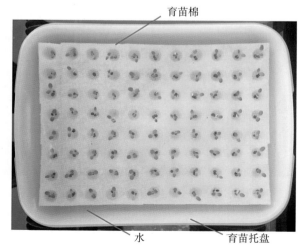

育苗棉

水

育苗托盘

水培育苗盘

● **水培育苗盘育苗**　目前有商业化的水培育苗盘，可使育苗省力化、操作简单化。这种育苗盘可以不用催芽，直接将干种子播入小坑内，静待发芽即可。

定植

根据不同栽培方式，采取水培池定植、水培槽定植和管道定植。

● **水培场地准备**　水培池占地面积大，适合庭院栽培，自主建造。在地面上建造混凝土结构的水培池，在水培池内表面贴无纺布，无纺布内铺较厚的（0.5毫米）聚乙烯塑料薄膜作为防渗层，由于有无纺布，塑料薄膜不会被水培池的混凝土表面磨破。水培槽和水培管道可自行购买。

● **营养液准备**　A液，按如下用量将肥料加入300升去离子水中：硝酸钙29 160克，硝酸钾6 132克，硝酸铵840克，二乙烯三胺五乙酸铁（10% Fe）562克；B液，按如下用量将肥料加入300升去离子水中：硝酸钾20 378克，磷酸二氢钾8 160克，硫酸钾655克，硫酸镁7 380克，一水硫酸锰（25%锰）25.6克，一水硫酸锌（35%锌）34.4克，硼酸（17.5%硼）55.8克，五水硫酸铜（25%铜）5.6克，二水钼酸钠（39%钼）3.6克。

配制营养液时，等量取A、B浓缩液，分别加入去离子水中，以最终电导度（EC）达到1.2毫西/厘米为宜。

混凝土结构的水培池

生菜（叶用莴苣）定植于泡沫板

● **定植**　苗有2片展开的真叶时，及时定植。定植槽面板上的定植孔间距为20厘米×20厘米，每个孔的直径在2.5厘米左右。定植时，将苗包入定植棉中，继而放进定植板的孔内即可。

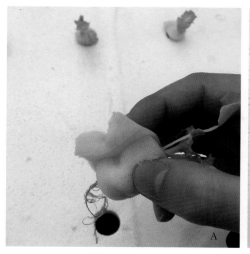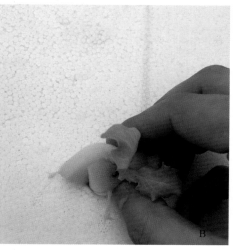

生菜（叶用莴苣）定植的步骤图

A.包苗　B.定植

- **生长管理**　生菜（叶用莴苣）水培理想环境如下：温度白天保持20～22℃，夜间12～15℃，高于25℃要采取降温措施；生菜（叶用莴苣）喜光怕阴，在充足的光照下生长旺盛，相对湿度应低于70%。因生菜（叶用莴苣）的生长期短，营养液一般不需更换，将一次配好的营养液每个白天循环2～4次，夜间不循环。电导度（EC）1.2毫西/厘米为宜；溶氧量（DO）大于4毫克/升。生长过程中要定期测试营养液pH，生菜（叶用莴苣）为耐弱酸性植物，生长适宜pH为6.0～6.9，pH低于5.0会造成根系生长不良，地上部分出现焦状缺钙症状；pH过高，会造成离子吸收障碍，产生缺素症，表现全株黄化，生长缓慢。

- **病虫害防治**　生菜（叶用莴苣）无土栽培的病害主要有菌核病、霜霉病和灰霉病等。菌核病主要在茎基部和叶柄发病，病斑初期为褐色水渍状，叶柄受害时叶片萎蔫下垂。在潮湿条件下，病部布满絮状毛霉，后期产生鼠粪状菌核。生菜（叶用莴苣）无土栽培的虫害主要有温室白粉虱、蚜虫、红蜘蛛等，应确立以预防为主、综合防治的原则，注意棚室卫生、消除虫卵，采用防虫网阻断害虫传播。生菜（叶用莴苣）栽培期较短，栽培过程中不允许使用化学杀虫剂，可使用生物杀虫剂，但防治效果通常不理想。

番茄管道水培（果菜类蔬菜可参考这一部分）

　　管道水培作为立体栽培模式的一种，具有空间利用率高、观赏性好的特点。下面以番茄为例做介绍。

　　为确保育苗一致性，通常采用先育苗后定植的栽培方式，而不是直接播种。种植者应尽一切可能，提高幼苗质量，尤其注意预防苗期病害。

　　育苗场地应该是一个独立的空间，这样便于温度和光照管理。播种前必须对所有设施、设备进行消毒。种植者最好自己育苗，如果由于时间、空间、技术水平、设施等原因需要购买番茄苗，一定要注意确保幼苗的质量。

　　育苗操作步骤如下：

STEP1 浸种　将种子置于55℃温水中浸泡15～20分钟，然后置于30℃温水中浸泡4～5小时。

STEP2 催芽　将浸泡好的种子置于培养皿中，底部铺两层浸湿的滤纸，放置在恒温培养箱（28℃）或室温催芽。

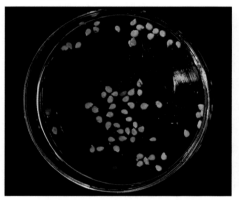

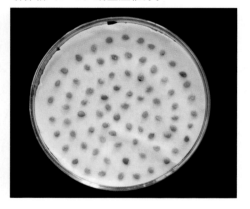

STEP3 种子露白　经1～2天的催芽，当大部分种子露白发芽后即可播种。

STEP4 种子置于定植棉　将发芽的种子放置于定植棉中，且置于水盘中。

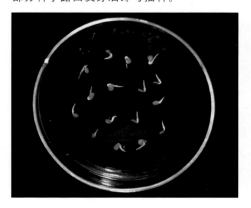

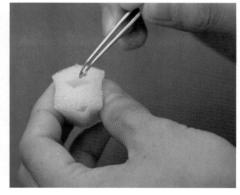

STEP5 水面高度　水盘水面高度到定植棉的 1/3，保持定植棉的湿润。

STEP6 长出2片子叶　置于定植棉的种子经过2～3天长出子叶。

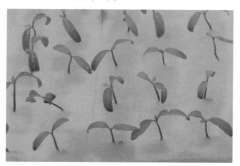

STEP7 定植棉放于定植杯　待幼苗长出真叶时，将定植棉中的苗移至定植杯中。

STEP8 定植杯置于水培槽　将定植杯置于有营养液的水培槽中，在人工气候室中进行培养。

　　温馨提示：育苗数量要比计划用苗量多10%～15%，多余的苗可用于将来替换弱苗或受伤苗。育苗期间定期检查，如果有病虫害发生的迹象，可喷无公害蔬菜生产允许使用的药剂。

营养液配制

　　参照如下蔬菜无土栽培营养液的配制，也可参考附录，或从商业渠道购买，分为A液和B液，分别配制成100倍母液，配方见下表。

番茄管道水培营养液配制方案

名称	A液	B液
每升水中含有化合物的克数(克/升)	四水硝酸钙109.15；三水乙二胺四乙酸钠铁盐 0.631 5	七水硫酸镁43.05；硫酸铵3.3；磷酸二氢钾20.4；硝酸钾42.925；硫酸钾30.45；十水硼砂0.952 5；一水硫酸锰0.169；五水硫酸铜0.019；七水硫酸锌0.14；二水钼酸钠0.012
配制方法	先用热水溶解称好的乙二胺四乙酸钠铁盐，然后再溶解四水硝酸钙，边加水边搅拌，直到全部溶解为止	先溶解七水硫酸镁，然后依次溶解硫酸铵、硫酸钾、硝酸钾和磷酸二氢钾，边加水边搅拌直至完全溶解。其余各微量元素预先溶解后，直接加入其中
备注	A、B母液搅拌均匀后备用	

温馨提示：配制过程中要按照顺序加入各成分，以免产生沉淀。使用的时候稀释母液成一倍的工作液。

定植后的早期管理

定植后的主要任务是检查幼苗是否成活，并精心进行环境调控，为植株生长提供最适的环境条件。生长早期，由于温度高、光照强、氮素供应过量，植株容易出现氮素过剩症，表现为新长出的叶片呈暗绿色，叶片边缘向下弯曲，使叶片呈船形甚至近似球形。防治方法：将营养液中氮素浓度降至70毫克/升。

温馨提示：有时植株顶端在夜间也会卷曲，这是正常现象。每天观察是否有病虫害发生的迹象，早发现，早防治。

环境调控

● **温度调控**　温度是重要的环境因素，温度调控是环境调控的关键，如果温度调控不利，将会引发病害、果实颜色异常以及其他品质问题。当白天温度控制在26.7 ~ 29.4℃，夜间温度控制在16.7 ~ 22.2℃时，番茄产量高、品质好。

温度过高很容易导致果实颜色异常，如深红色的果实可能会变为橘黄色，也就是通常所说的日灼，这是因为强光照射会引起果实表面局部高温，使果实表面形成黄色区域，这一区域内的果实将不再变为红色。其次，由于遗传上的原因，有些品种会产生绿肩（萼片附近果皮呈深绿色），而过高的温度会加重绿肩现象，这种果实的果皮通常不会变为整齐一致的红色，而且绿肩部位极易变得粗糙甚至开裂。第三，当温度超过32.2℃时，会影响番茄授粉，降低坐果率。

低温同样会引发果实质量问题，如果夜间温度低于16.7℃，坐果率降低，果实表面的光滑程度也会降低，产生大量的"猫脸果"。夜间低温与白天弱光共同作用，会使成熟的果实颜色深浅不一，商品性降低。如果温度低于15.6℃，极易造成灰霉病。如果温度低于10℃，会引发果实寒害。较低的温度还会降低成花量。

温度调控的方法依据温室的设施而定，可采用燃煤或燃油暖风机、暖气、电热风机等设备加温，采用通风、遮光等方法降温。种植者需要及时观察天气变化，尤其是在可能需要进行临时加温的春、秋季节，要经常检查加热装置，确保其正常运行，这样可节约能源，而且能避免因燃料不完全燃烧而产生有害气体。如果白天温度不高于29.4℃，则番茄生长良好，如果温度过高，则需要采取通风、遮光、水帘降温等方法降低温度。在温室内悬吊遮光物是一种十分有效的降温方法，遮光率通常应为20%～50%，温度越高，遮光率也应越高。

- **湿度调控**　目前比较理想的方法是利用微雾系统增湿。
- **光照调控**　冬季应尽量增加光照，低光照会导致果实着色不良。目前主要通过补光灯进行人工补光，或地面铺设银白色反光薄膜这两种方式改善植株的受光条件。在春末、夏季以及初秋，要注意遮光，避免高温、强光灼伤番茄叶片和果实，可通过温室覆盖物外面喷涂遮光涂料、幕帘系统、遮阳网等手段达到目的。

授粉

番茄是自花授粉蔬菜，正常情况下，只有完成授粉，番茄果实才能完成坐果并膨大，否则不但坐果率降低，而且容易出现大量畸形果。我国通常采用药剂处理的方法提高坐果率，但此法容易形成畸形果，而且也不符合生产高质量绿色蔬菜的要求，不推荐使用。

露天栽培时，风会帮助番茄花朵完成授粉过程。室内没有风，则需要震动授粉（手动震动或电动授粉工具震动），震动番茄花序1～2秒，促进传粉。授粉应该每天或每隔1天进行1次，阴天无需授粉，因为阴天空气湿度大，即使震动花序，花药也不会开裂，因此，建议在冬季每个晴天都授粉。授粉操作应在上午10时至下午3时进行，这一时间段的空气湿度低，花药容易开裂，据观察这段时间授粉所形成的果实最大，这可能是柱头接受的花粉量较多的缘故。

> **温馨提示**：操作时不要碰到正在发育的青果，即使是轻微的擦伤，将来也会留下较大的疤痕，从而降低果实品质。

植株调整

如果栽种的是矮化番茄，植株调整可以不做，因其属有限生长型，植株矮小，无需进行植株调整。而栽种无限生长型番茄，植株调整则是必不可少的。

● **搭架**　通常在番茄的上方搭架，架上每一株番茄绑一条吊线，番茄就攀附在这条吊线上，吊线上方缠绕在一起，随番茄植株的生长逐渐放松吊线。每个种植者都应明白一株生长10个月的番茄，茎的长度能达到10米，因而吊线要预留出很长一段。吊线要有足够的强度，最好使用塑胶或聚丙烯合股线。当番茄有6～8枚叶片时，将吊线的一端松松地绑在番茄茎基部，绑得过晚，植株容易倾倒。

● **绑蔓**　通常使用番茄植株固定夹将番茄植株固定在吊线上，夹子可牢固地夹住吊线，环形部位可在叶片下的位置围拢住番茄茎，从而使番茄的茎依附于吊线上但又不会损伤番茄茎。一般每隔3～4片叶使用一个固定夹，注意不要在开花节位固定植株，以免对其造成伤害。也可以不使用固定夹，将绳子和番茄的茎缠绕在一起即可。

● **整枝**　对番茄植株要进行修剪，去掉所有侧枝，只保留一条主茎，这一点对延长番茄生长期十分重要。去侧枝的工作通常每3～4天进行1次，如果间隔时间过长，就会形成大的侧枝，去除时较困难，且容易损伤植株，诱发病害。

整枝应在当天的早上进行，此时植株含水量高，侧枝容易被掰下来，随后的一段时间，温度升高，空气变干燥，伤口容易愈合，不易感染病菌。在阴雨天不整枝。整枝时要注意，当植株顶部有多条侧枝时，只能去除侧枝，而不能将主枝的生长点碰掉。

番茄绑蔓固定夹

番茄整枝打杈

在整枝的同时，要观察植株的营养状态、病虫害情况等，从植株上掰下的所有枝叶都要运到温室外。

● **疏果**　每个番茄花序能形成7～10朵花，在适宜授粉的条件下，通常会有6～8朵花发育成果实。多数品种，尤其是大果型品种，如果同一个花序上坐果过多，果实的质量就会降低，在果实发育过程中，相邻的果实相互挤压会导致果实变形。晚些时候坐住的果会由于营养竞争而发育迟缓，果实个小，着色不均。发育进程的不同会使果实的一致性降低。

为解决这一问题，应适时疏花疏果，让每个品种的番茄花序上都只保留最适宜的果实数。如果某一品种具有果实个大、产量高的特点，那么每个花序上只能留3～4个果。如果栽培品种的果实大小中等，则每个花序应留4～5个果，尤其在冬季，留果数应少。留下大小及发育期一致的果实，去掉裂果和畸形果。

● **摘叶**　除需要摘除侧枝外，温室番茄需要打掉多余叶片。在栽培中后期，及时打掉植株底部的衰老叶片可促进植株下部空气流通，而且也利于田间操作。打叶时注意不要损伤番茄茎。摘叶时用剪刀或用手轻轻将其掰除，不要留下大伤口，因为这一部位非常容易被病菌侵染。果实采收后残留下来的果梗也要同时剪除。操作时要轻，不能将茎折断，同时注意不要擦伤番茄青果。

水培系统清洁

在清理完植株残体后，不管是水培槽，还是栽培管道，都要用漂白粉对其进行消毒灭菌处理，必要时，还要用稀酸溶液处理管道，以溶解碳酸钙水垢，疏通管道。

观赏辣椒的基质栽培及管理

　　观赏辣椒是茄科辣椒属多年生草本植物，由于播种后植株在1年内即可成熟结果，通常作为一年生栽培。其株型优雅，果实小巧，果形丰富，色泽艳丽，观赏期长，非常适合美化环境和室内摆设之用，果实也可食用。观赏辣椒一般为矮化紧凑型品种，株型小，栽培过程中植株调整较为简单，下面对其无土栽培技术进行简单阐述。

　　● **种子处理**　种子用50～55℃的温水浸种15分钟，取出后用清水再浸3～4小时，捞起后用干净的湿布包好，置于25～30℃下催芽或利用炉灶的余温进行催芽，待种子"露白"时即可播种。

▼ 温汤浸种工具

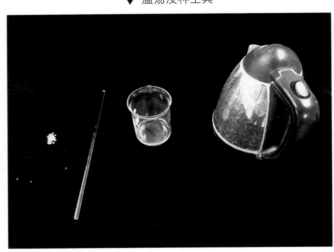

　　● **盆栽基质**　可用泥炭、蛭石按1：1比例混合配制而成。

　　● **播种时间**　观赏辣椒的栽培可在春、秋两季进行。春季在1月至2月中旬播种，秋季在7月至8月上旬播种。春节用盆栽，一般在节前120天就要播种。

　　● **花盆的选择**　观赏辣椒盆栽一般选用盆径为18～20厘米的泥瓦盆或塑料盆，每盆定植1株健壮苗。

　　● **苗期管理**　出苗时温度应控制在25～30℃，出苗后温度应保持25～26℃，并适当控制水分，防止小苗徒长，苗期用叶面肥喷施。当幼苗长至17～20厘米，具有5～6枚真叶时移栽定植。

▼ 将种子置于烧杯内

▼ 向杯内倒入50～55℃温水，
进行浸种，时间15min

● **植株养护**　待苗高10～15厘米后适当整枝、摘心，促使其造型美观。温度控制在25℃左右，超过30℃时，生长会变慢，开花结果少。生长旺盛期可施1～2次液态复合肥，每隔10～15天追肥1次，促进枝多叶繁花茂。在定植后到现蕾开花前的一段时期，要少施氮肥，以提早结实。开花结果时加强水肥管理，但在开花后要适当控制水分，保持土壤湿润，以防落花，提高坐果率。同时花期最好增施1次磷肥，使果多果艳。当植株过高时，应插棍支撑，修剪侧枝，促进通风透光，提高坐果率。植株冬季可移至室内，适当养护可继续开花，观果期往往可延长到元旦。观赏辣椒春节后可继续留存室内摆设，一般经过1个月，成熟的果实会由红色变成褐色，颜色晦暗而慢慢干瘪，这时可将果实全部采摘，还可以选取若干个果大、籽粒饱满的果实，晒干脱粒作为再植种子。

● **保果与疏果**　开花时期温度高于30℃或低于15℃会引起授粉不良，影响坐果，可用番茄灵液或辣椒素喷花，促进坐果。当结果较多时，可适当采摘，以保持植株旺盛生长，延长观赏期。特别是老熟果一定要摘除，减少养分消耗，以免影响植株生长。

● **病虫害防治**　观赏辣椒的主要病害有疫病、病毒病和白粉病等。疫病防治以预防为主，可用1%次氯酸钠溶液浸种10分钟，进行种子消毒。在栽培过程中防止环境高温、高湿，可有效减少病害发生。一旦发病可用58%甲霜·锰锌可湿性粉剂500～600倍液或72%霜霉威盐酸盐水剂800倍液喷雾防治。病毒病的防治首先是选用抗病品种，并做好种子消毒；其次要防治蚜虫，减少传播病毒的媒介；三是在发病初期用20％吗胍·乙酸铜可湿性粉剂500倍液或50％菌毒清水剂300倍液喷雾防治。白粉病一般用15％三唑酮可湿性粉剂1 000倍液喷雾防治。

观赏辣椒虫害有蚜虫、螨类和白粉虱等，防治的关键是尽早发现，及时喷药防治。防治蚜虫可用50％抗蚜威可湿性粉剂2 000倍液、蓟蚜敌1 000倍液或5％吡虫啉1 000倍液交替喷杀。螨类可交替使用1.8％阿维菌素乳油3 500倍液进行防治。家庭种植观赏辣椒出现白粉虱时，可用家用杀虫气雾剂直接喷杀害虫，也可用25％噻嗪酮可湿性粉剂2 000倍液或2.5％氯氟氰菊酯乳油等重点喷洒叶背或生长点附近的嫩叶进行防治。

室内芽苗菜的无土栽培及管理

芽苗菜，指植物的种子或是贮藏器官，在弱光或黑暗条件下，直接生长出供食用的嫩芽苗、芽球或嫩梢等。芽苗菜有30余个品种，如荞麦芽苗菜、苜蓿芽苗菜、绿色黑豆芽苗菜、蚕豆芽苗菜、香椿芽苗菜、相思豆芽苗菜、萝卜芽苗菜、花椒芽苗菜、龙须豆芽苗菜、花生芽苗菜、葵花籽芽苗菜等。

芽苗菜生产条件简单、容易控制，非常适合家庭种植。芽苗菜生长主要依靠种子或根茎等累积养分，一般不需施化肥和农药。生产出的芽苗菜新鲜无污染，易达到绿色食品标准。即采即吃，也别有一番情趣。芽苗菜的种植十分简单，下面以萝卜苗和生菜（叶用莴苣）苗种植为例进行介绍。

- **选种**　选种时，剔除发霉、破损及干瘪的旧种子，选择纯度高、籽粒饱满、无污染的新种子，这是确保出苗率的首要条件。

- **播种准备**　就地取材，利用日常使用的快餐盒或其他塑料盒自制成小苗筐，下垫手纸或其他吸水柔软材质做成育苗盘，另准备小喷壶1把用于喷水。苗盘中垫上一层或几层纱布、纸巾、棉布等吸水保湿的材料，具体视材料的厚度而定。

- **播种**　将浸泡好的种子撒到苗盘内，同时剔除霉烂破皮的种子，种子要分布均匀，不留白，不重叠。

- **黑暗培养**　将苗筐用保鲜膜或自带的盖子罩住，以遮光、保湿，置于25～30℃的环境中，期间早晚各喷水1次，喷水的程度以种子和纸巾保持湿润即可。2天后，可长出子叶。

- **见光培养**　大约4天，待苗长至2～3厘米时，即可揭掉薄膜进行见光培养。注意每天喷水以保持湿润。

▼ 播种前准备工作

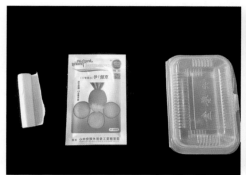
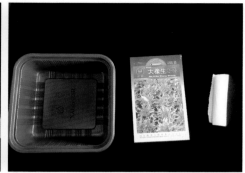

▼ 自制苗盘内铺若干层纸巾

▼ 萝卜播种

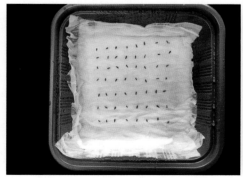

▼ 生菜（叶用莴苣）播种

▼ 萝卜长出2片子叶　　　　　　▼ 生菜（叶用莴苣）长出2片子叶

▼ 萝卜见光培养　　　　　　▼ 生菜（叶用莴苣）见光培养

● **采收**　当芽苗菜浓绿色，株高20～30厘米即可收获。不同蔬菜收获时间不同，短则5～6天，长则10～20天，即可进行收获。

芽苗菜栽培

不同的蔬菜均可参照上述方法进行芽苗菜的种植，栽培时间长短和收获的大小可能略有差异。当然，也可以用市售的芽苗菜种植专用托盘进行种植，操作十分简单，成功率高。

室内草莓的无土栽培及管理

草莓果实

草莓浆果芬芳多汁，酸甜可口，被誉为"浆果皇后"。草莓具有较高的医疗保健价值，现代医学证明，草莓对白血病、贫血症等具有较好预防的功效，具有抗衰老作用，对胃肠不适、营养不良、体弱消瘦等大有裨益。草莓中含有鞣花酸，是一种极好的抗癌物质，能保护人体组织不受致癌物质的伤害，相比其他水果，草莓果实中的鞣花酸含量较高。此外，草莓汁可滋润肌肤，减少皮肤皱纹，延缓衰老，被誉为"活的维生素"。

家庭盆栽草莓，可满足人们对鲜果的需求，美化室内环境，尤其是在北方干旱地区，可明显增加室内湿度，提高宜居性。草莓在温度20～26℃的环境下生长良好，10～17℃有利于花芽分化，这些条件在室内是很容易实现的。

草莓开花结实

● 基质配比　泥炭、蛭石、珍珠岩的混合比例为4∶1∶1，该配比中可混入少量鸡粪作为基肥，占比不要超过1。

● 营养液配方　基质栽培可使用日本山崎营养液配方。草莓根系耐盐性较弱，营养液浓度过高会加速根系老化，造成植株早衰。虽然草莓生长发育的最适pH为6～6.5，但一般pH在5.0～7.5均可生长良好。

● 挑选壮苗　草莓一般利用匍匐茎无性繁殖，可以自繁。初次种植需选购幼苗，之后便可以利用匍匐茎繁殖，用压蔓夹将草莓匍匐茎末端固定到土壤表层（能接触到土壤即可）。过段时间，叶片下部就会长出根系并插入土壤，之后将连接母株的匍匐茎剪断即可。常见品种有章姬、红颜、丰香，每个品种都有独特的风味，可根据自己的口味选择。

草莓匍匐茎繁殖

草莓压蔓夹　　　　　　压蔓夹固定匍匐茎　　　　　剪断匍匐茎的幼苗

● 定植　春、夏、秋季均可栽种，选择阴天或傍晚。屋内气温保持15～25℃为宜。草莓根系浅，不耐旱，应随种随浇，有条件者应在基质表面覆盖地膜或薄塑料袋以保持土壤湿度，植株附近薄膜应开口以利于土壤气体交换。同时，每日不定时对植株进行喷雾，增加湿度，利于植株成活。栽苗时应采取定向栽植的方法，即将植株的弓背朝外，使全行花序朝同一方向，利于外侧瓜果。

草莓定植

● **营养液管理**　植株成活后，适时进行松土并清除杂草。草莓既不抗旱也不耐涝，浇水与营养液交替进行，即浇1次清水，再浇1次营养液，遵循少量多次的原则，选择上午浇水。出现花蕊后，应控水以防徒长，并利于草莓坐果。室内阳台栽培的情况下，屋内种植区域内可放置温湿度仪，尽量保持该区域内湿度在60%～80%，不超过80%。

草莓生长旺盛期匍匐茎

● **温度管理** 室内草莓栽培一般不易出现冻害，需要注意的是各生长期适宜温度略有差异，营养生长期为20 ～ 26℃，开花期为26 ～ 30℃，可根据天气情况，灵活选择放置于室内或者室外。草莓抗寒性强，但开花期若在冬季，注意避免6℃以下的低温。草莓不耐高温，气温高于30℃，生长会受到抑制，需要大家注意。

● **通风** 选择温暖的上、下午进行适当通风，补充室内二氧化碳，也可购买二氧化碳颗粒气肥，但使用时要注意控制浓度，浓度过高会导致草莓不结实。当植株通过定植缓苗期后应逐步降温，以促进花芽分化，白天应保持在18 ～ 25℃，夜间5 ～ 10℃。

● **植株管理与采收** 草莓生长过程中不断形成新叶，新叶向外数3 ～ 5片叶光合效率最高，每棵植株留5 ～ 7片功能叶即可，最多不要超过9片叶。应及时摘除衰老叶及病叶，老叶不仅光合能力下降，还会过分消耗养分，而且容易受到病害侵染并传播病害。草莓缓苗后进入旺盛生长期，会抽生匍匐茎，应及时摘除匍匐茎以减少养分消耗（只有无性繁殖幼苗时，保留匍匐茎）。每棵

草莓花序及留花数量

植株留2～3个花序，每个花序留7～20朵花为宜。开花期后，应及时进行疏花疏果，同时摘除畸形果、病果，每个花枝留5个果实左右可保证果实大而整齐。

家庭室内栽培中还会因缺少传粉昆虫而造成授粉受精差、果实发育不良，畸形果多，可采取人工授粉提高坐果率和果实品质。可用毛笔轻轻地由外向内刷，将周围雄蕊刷向中间雌蕊，没有毛笔可用棉签代替。果实成熟进行采摘时，应精细处理。采摘应在早晨进行，动作要轻，手捏果柄，带果采下，不要损伤花萼，否则果实不易贮存，易腐烂，影响外观及品质。

草莓花器官雄蕊（蓝箭头所示）和雌蕊（黄箭头所示）

附录 常用营养液配方选集

每升水中含有化合物的毫克数（毫克/升）

营养液配方名称及适用对象	四水硝酸钙	硝酸钾	硝酸铵	磷酸二氢钾	磷酸氢二钾（二钾）	磷酸氢二铵（二铵）	硫酸铵	硫酸钾	七水硫酸镁	二水硫酸钙	总盐含量	备注
Knop(1865)古典水培配方	1 150	200	—	200	—	—	—	—	200	—	1 750	现在仍可使用
Hoagland和Anon(1938)	945	607	—	—	—	115	—	—	493	—	2 160	通用配方，1/2剂量为宜
Hoagland和Snyder(1938)	1 180	506	—	136	—	—	—	—	693	—	2 315	通用配方，1/2剂量为宜
Anon和Hoagland(1952)	708	1 011	—	—	—	230	—	—	493	—	2 442	番茄配方，可通用，1/2剂量为宜
Rothamsted配方A(pH4.5)(1952)	—	1 000	—	450	67.5	—	—	—	500	500	2 518	英国洛桑试验站配方，可通用
Rothamsted配方B(pH5.5)(1952)	—	1 000	—	400	135	—	—	—	500	500	2 535	
Rothamsted配方C(pH6.2)(1952)	—	1 000	—	300	270	—	—	—	500	500	2 570	
Copper(1975)推荐NFT上使用的配方	1 062	505	—	140	—	—	—	—	738	—	2 445	可通用，1/2剂量为宜
荷兰温室植物研究所岩棉培滴灌配方	886	303	—	204	—	—	33	218	247	—	1 891	以番茄为主，可通用
荷兰花卉研究所，岩棉培滴灌配方	660	378	64	204	—	—	—	—	148	—	1 394	以非洲菊为主，可通用

（续）

每升水中含有化合物的毫克数（毫克/升）

营养液配方名称及适用对象	四水硝酸钙	硝酸钾	硝酸铵	磷酸二氢钾	磷酸氢二钾	磷酸氢二铵	硫酸铵	硫酸钾	七水硫酸镁	二水硫酸钙	总盐含量	备注
荷兰花卉研究所，岩棉培滴灌配方	786	341	20	204	—	—	—	—	185	—	1 536	以玫瑰为主，可通用
日本园试配方（堀，1966）	945	809	—	—	—	153	—	—	493	—	2 400	通用配方，1/2剂量为宜
山崎甜瓜配方（1978）	826	607	—	—	—	153	—	—	370	—	1 956	山崎的这些配方是按照吸水吸肥同步的规律n/w值确定的配方，性质较为稳定的配方，w表示吸收消耗水量）（n为各元素的吸收量，w
山崎黄瓜配方（1978）	826	607	—	—	—	115	—	—	483	—	2 041	
山崎番茄配方（1978）	354	404	—	—	—	77	—	—	246	—	1 081	
山崎甜椒配方（1978）	354	607	—	—	—	96	—	—	185	—	1 242	
山崎莴苣配方（1978）	236	404	—	—	—	57	—	—	123	—	820	吸水吸肥同步的规律n/w值确定的配方，性质较为稳定（n为各元素的吸收量，w表示吸收消耗水量）
山崎茄子配方（1978）	354	708	—	—	—	115	—	—	246	—	1 423	
山崎蒿配方（1978）	472	809	—	—	—	153	—	—	493	—	1 927	
山崎小芜菁配方（1978）	236	506	—	—	—	57	—	—	123	—	922	

每升水中含有机化合物的毫克数（毫克/升）

营养液配方名称及适用对象	四水硝酸钙	硝酸钾	硝酸铵	磷酸二氢钾	磷酸氢二铵	硫酸铵	硫酸钾	七水硫酸镁	二水硫酸钙	总盐含量	备 注
山崎鸭儿芹配方(1978)	236	708	—	—	192	—	—	246	—	1 380	吸水吸肥同步的规律n/w值确定的配方，性质较为稳定(n为各元素的吸收量，w表示消耗水量)
山崎草莓配方(1978)	236	303	—	—	57	—	—	123	—	719	
华南农业大学果菜配方(1990)	472	404	—	100	—	—	—	246	—	1 222	可通用，pH6.4~7.2
华南农业大学番茄配方(1990)	590	404	—	136	—	—	—	246	—	1 376	可通用，pH6.2~7.8
华南农业大学叶菜A配方(1990)	472	267	53	100	—	—	116	264	—	1 254	可通用，pH6.4~7.2
华南农业大学叶菜B配方	472	202	80	100	—	—	174	246	—	1 274	可通用，特别是适合易缺铁植物，pH6.1~6.3
华南农业大学豆科配方(1990)	—	322	—	150	—	—	—	150	750	1 372	低含氮配方
山东农业大学西瓜配方(1978)	1 000	300	—	250	—	—	120	250	—	1 920	
山东农业大学番茄、辣椒配方(1978)	910	238	—	185	—	—	—	500	—	1 833	

参 考 文 献

崔世茂，宋阳，2014. 阳台菜园瓜果无土栽培 [M]. 呼和浩特：内蒙古人民出版社 .

高东升，2015. 无土栽培 [M]. 北京：化学工业出版社 .

蒋卫杰，刘伟，郑光华，2012. 蔬菜无土栽培新技术 [M]. 北京：金盾出版社 .

金波，2002. 室内园艺 [M]. 北京：化学工业出版社 .

李富恒，1999. 无土栽培技术研究的历史、现状与进展 [J]. 农业系统科学与综合研究，
　　15(4)：313-314.

刘婧，2012. 无土栽培技术的应用与发展 [J]. 北方园艺 (16)：204-206.

刘丽霞，2008. 观赏辣椒的盆栽技术 [J]. 北方园艺 (5)：106-107.

刘士哲，2002. 现代实用无土栽培技术 [M]. 北京：中国农业出版社 .

马太和，1987. 无土栽培的研究进展与应用 [J]. 农业科技通讯 (1)：2-3.

孙程旭，冯美利，刘立云，等，2011. 海南椰衣（椰糠）栽培介质主要理化特性分析 [J].
　　热带植物学报，32(3): 407-411.

王久兴，2002. 绿色阳台小菜园 [M]. 天津：天津科学技术出版社 .

王久兴，王子华，2005. 现代蔬菜无土栽培 [M]. 北京：科学技术文献出版社 .

邢禹贤，2001. 新编无土栽培原理与技术 [M]. 北京：中国农业出版社 .

徐卫红，王宏信，2013. 家庭蔬菜无土栽培技术 [M]. 北京：化学工业出版社 .

赵庚义，车力华，赵凤光，等，2007. 家庭小菜园入门 [M]. 北京：中国农业出版社 .

周武忠，陆正其，1999. 城市家庭园艺 [M]. 北京：中国农业出版社 .